KNEADING DOUGH

揉麵團

鍾莉婷 著

SAMMI 教你搞懂 5 種基礎麵團，做出麵包、蛋糕、
塔、泡芙、餅乾一定要先學會的烘焙糕點！

Chapter 1 酵母麵團（Bread Dough）

Chapter 2 蛋糕麵糊（Sponges & Cakes）

乳沫類麵糊（Foam Type）

不打發的稀麵糊（Pancake & Crepes）

濃厚重奶油麵糊（Quick Cake Paste）

Chapter 3　塔皮麵團（Sweet & Short Pastry）

Chapter 4　泡芙麵糊（Choux Pastry）

Chapter 5　餅乾麵團（Biscuit）

玩麵粉、懂麵粉以後，創造出自己的配方！

「一位埃及奴隸在廚房做餅時睡著了，結果發明了麵包。」因為這個奴隸的無意，讓本來要做成餅的生麵團在滅了火的爐子待了一夜，因為熱度以及麵團內加入的水或甜味劑與散佈在空氣中的酵母菌結合，使得體積比原來的生麵團大一倍以上，結果這個奴隸不但沒丟了這個麵團，還把它放進爐裡烤，烤出來大出意外的好吃，又鬆又軟的口感，被主人大大的稱讚，反而讓他因禍得福的發明了麵包。

用一個故事當作自序的開頭，並不是我改不了說烹飪歷史的習慣，而是想和大家分享一個觀念──每個烘焙品的發明，常常是因為意外或錯誤當中獲得的結果。我在第一本書開宗明義的說道，希望大家不是為了學烘焙而做烘焙，而是在玩烘焙中，了解烘焙！如果因為意外發明了一個新品項的食物，而且被後人流傳了那麼久的時間，那我們為什麼不能在玩麵粉、懂麵粉以後，創造出自己的配方呢？

這本書是我撰寫的三本中，花了最多時間和精力去完成的，並不是前兩本沒有好好寫，而是這本書的概念，就是要把一些專業的知識先轉化成易懂好做的公式，然後大家可以了解這個公式而活用這些概念來操作烘焙。所以，撰寫及選擇配方的時候絞盡腦汁，並且經由不斷的修改簡化後，才在困難重重下完成。大家開始使用本書前，先在此說明，我提供的並不是「標準公式」，每個食譜只是一個「參考公式」，希望大家運用本書的公式和配方後，第二次製作時就可以在書頁的空白處寫下自己的「獨一無二的配方」，並且試試看改良後的配方是否能在推論下成功！

在我第一本書《Sammi 的完美烘焙配方》中，著重在分享各式烘焙「配方」；第二本《甜蜜果食》闡述的是台灣不同季節水果的「運用」；而這本《揉麵團》是想藉由簡單的「公式」說明麵粉及它的好朋友們的特性及「運用」原理，用不同的操作「手法」和「程序」完成基礎麵團和麵糊的烘焙。

我知道你可能只看了配方就開始動手做，不過請先等一下，我已在每一大類的烘焙品開頭寫下了基本公式、每種材料及不同做法對麵團或麵糊的影響，所以在動手開始玩麵粉之前，請大家還是耐心的先把每一篇麵粉運用的內容看清楚再開始操作麵粉，這個動作會幫助你了解可以怎麼做，進而動手做什麼。

　　在這裡，我給你一個使用本書操作的前、中、後的公式：

本書操作前公式 ＝ $\dfrac{\text{詳讀每篇前的麵團／麵糊形成原理說明及材料說明＋簡易的公式及比例}}{\text{勇於嘗試的好心情＋清楚的思路}}$

＝ 成功不失敗的結果

本書操作中公式 ＝ $\dfrac{\text{選定好配方＋準備好設備／道具／材料＋安排好時間及工作流程}}{\text{勇於嘗試的好心情＋清楚的思路}}$

＝ 成功不失敗的結果

本書操作後公式 ＝ $\dfrac{\text{吃成品＋回想操作原理及操作過程＋寫下自己更愛的公式和配方}}{\text{無比的創意力＋ 不偏離基礎的做法}}$

＝ 獨一無二的個人配方

　　我們在同樣的地方（烏樹林花園餐廳），和原班人馬（辛苦的編輯＋ 有才的攝影師＋王牌助理 Phillip Wu ＋ 協力伙伴（烏樹林的伙伴們）），連續三年以不同的主題企劃，生產出三本有趣又具實用性的烘焙烹調食譜書！ 謝謝參與這次拍攝及編輯的所有人員及朋友的努力及配合。也感謝此次拍攝提供我原物料和餐具的「聯華實業股份有限公司 」、「元寶實業股份有限公司」、「圻霖有限公司」、「巢家居」的大力支持。這本書獻給喜愛烘焙的你，希望這本書讓你對烘焙領域有更多的了解！

Play With Flour
先了解麵粉

　　任何其他種類的粉類和水調和在一起，大多會得到安定、安靜的麵糊或麵團；但是，麵粉和水的混合卻讓麵粉有了生命力，可成為輕柔、有彈性的麵包，又可以變成薄片般的酥皮，也可以和其他原物料結合成為不同的蛋糕或烘焙糕餅。

麵團和麵糊的不同

　　麵糊呈流體狀，這種擴散性的麵筋，讓麵糊不像其他麵團可以留得住空氣。但麵團類如果沒有加入酵母菌或是其它發酵材料，也保留不住空氣而變成結實的成品。

　　大家做烘焙的時候，通常都會著眼在配方上，在這本書裡要顛覆這個觀念，配方往往是自已可以創造的，只要你了解材料的混合程序和特性，在大概的比例下就可以做出成品，甚至能創造出獨一無二的個人配方。

　　烘焙材料混合的順序及混合方式，是決定成品的很大關鍵。如蛋糕的標準材料是蛋、糖、奶油和麵粉，因為比例和操作順序的不同，會形成了截然不同的成品，舉例說明如下：

我們可以用相同比例的材料，但是變化操作順序和做法，而得到兩種不同風味和口感的蛋糕體，這就是操作方式的重要性。

蛋糕體的例子，讓我們很清楚的了解操作及順序上的不同。海綿蛋糕可以調整奶油的比例變成一個較輕或較重的海綿質感的蛋糕。磅蛋糕也不一定要遵循 1：1：1 的原則，奶油可減量，讓磅蛋糕變得較輕；或是改變攪打的方式，不加入全蛋，而是先把蛋白取出先打發泡，再加入麵糊中，成為比一般配方更輕盈的蛋糕體。

各國麵粉的種類與個性

麵粉主要由澱粉、蛋白質及少許礦物質等成分組成，而影響著麵粉操作最大的因素是小麥的蛋白質。因小麥蛋白質中的麩素遇到水後，在揉捏下會產生黏彈性，而蛋白質品質的優劣左右了麵團的操作性。

麵粉中的蛋白質以水洗方式分離出來，叫做"麵筋"，麵筋的"筋度"指的就是麵粉中所含麵筋蛋白質的量。台灣的麵粉是以蛋白質的不同質量來分類，大致可以分成高筋麵粉、中筋麵粉與低筋麵粉。高筋麵粉有時還會分成特高筋麵粉、高筋麵粉和蛋白質略低的法國麵包粉。

通常麵粉袋上會標註麵粉精製的程度和等級，以及麵粉、灰分（礦物質）和蛋白質的比例。粉類的精製度愈高，等級就愈高。而灰分成分愈多，等級就愈低。但千萬不要以為等級愈高的麵粉就愈好，因為每種烘焙品的需求不同。

目前在市面上大家購買得到的麵粉，除了台灣麵粉之外，還有因為台灣麵包獲得世界冠軍時使用而漸漸被關注的法國麵粉，也有日本職人在台灣開店而被逐漸認可的日本麵粉，所以以下大致和大家說明一下較常見各種麵粉。

台灣麵粉

・低筋麵粉（Baking Flour, Cake Flour）

蛋白質含量最低，大約在 6.5%～8.0%。使用低筋麵粉製作的糕點，因為自身的黏性比其他麵粉弱，不會防礙麵糊的膨脹，可以支撐膨脹起來的蛋糕體。但如果是用低筋麵粉來做麵包的話，因為形成的麩素較少，黏性和彈力就會較弱，原來麵團所產生的二氧化碳會向外溢出，結果麵團就沒有辦法膨脹了。

適合使用低筋麵粉的烘焙品是蛋糕和餅乾類。

・中筋麵粉／粉心麵粉（All-Purpose Flour）

蛋白質含量約 8.0%～9.0% 左右，有時候要調和筋性或是口感，都可以用中筋麵粉來替代部分低筋或高筋麵粉。中筋麵粉最常拿來使用在中式包子和麵類，藉此中和低筋和高筋的特性。

中筋麵粉，可用高筋麵粉、低筋麵粉各半混合；也可用 82%高筋麵粉加 18%玉米粉混合。

・高筋麵粉（Bread Flour）

蛋白質含量最高，大約在 11.5%～12.5%，具較高的筋度。因為蛋白質的含量多，所產生的筋性就愈高，黏性也愈好，烘烤後會變得比較硬。而且，麵糊膨脹的力量會因為過強的麩素被抑制住，使麵糊無法膨脹而體積很小。

適合使用高筋麵粉的是麵包和發酵糕點。

・特高筋麵粉（High Gluten Flour）

含有約 14%以上蛋白質，是所有麵粉中含量最高的，因此不論筋度及黏度都是較一般的麵粉來得強。

最適合用來做油條等咬勁十足的麵食點心。

· 自發粉（Self-Rising Flour）

自發粉是在麵粉中加入一定比例的膨漲劑所調和出來麵粉，所以使用時就不需要再加上發粉。一般來説，每 100g ～ 120g 麵粉加入 1 茶匙（1tsp）發粉就成自發粉了。

· 全麥麵粉（Whole Wheat Flour）

含有大量的蛋白質，筋性接近中筋麵粉，成分大多來自胚芽和糊粉層，是不會生成麵筋的。胚芽和麥麩顆粒會干擾麵筋的生成，因此如果用全麥麵粉做的麵包，風味很香純，口感也很紮實。

低筋麵粉　　　　　　　高筋麵粉　　　　　　　全麥麵粉

低筋麵粉　　　　　中筋麵粉　　　　　高筋麵粉　　　　　全粒麵粉

日本麵粉

　　日本是一個重視細節的國家，他們對於各種食材的要求近乎偏執。以麵粉來說，台灣以蛋白質含量大約分成高、中、低 三種；法國麵粉以灰分成分來分，大約分 T45、T55、T65 三種；義大利麵粉依顆粒大小，分成 0、00、01 三種；但是日本麵粉的分類，依顆粒大小、混合成分、製造技術等，分成了 600 多種，而且還很清楚的分各種用途，其它國家很難望其項背。

　　日本麵粉以加熱的方式切斷小麥的蛋白質，使麵粉的蛋白筋性降低，而台灣一般是添加小麥澱粉來降低蛋白質的筋性。使用台灣一般麵粉所做出來的成品，在常溫下會迅速乾燥，而由於日本製麵粉不添加小麥澱粉，所以相對的老化慢、耐凍性好、粉顆粒細緻、口感較輕、保濕性好、化口性佳。

　　日本麵粉製粉是採用配麥配粉的方式來調製，所以品質穩定、操作性也佳、粉的顆粒較細、吸水性均勻，所以做成的麵團具有自然的延展性和彈性。

 台灣麵粉與日本麵粉的比較

在台灣可以找到的日本麵粉種類，可分成以下幾種，可以對照台灣麵粉參考使用：

台灣	日本	用途
低筋麵粉	薄力粉	蛋糕、餅乾
中筋麵粉	中力粉	乾麵、蛋糕
高筋麵粉	準強力粉	麵包、中華麵
特高筋麵粉	強力粉	麵包

法國麵粉

　　法國麵粉做的麵團延展性最好，筋性很高，在烘焙時的操作性也最佳，揉合也比較均勻，烘烤出來的烘焙品，穀物自然香氣較重。法國麵粉的分類是按照灰分質（即礦物質含量），而非我國依照蛋白質含量來分類。灰分是麩皮中所含的礦物質成分，依照灰分的含量訂定數字，再按數字大小來定出麵粉的六種型態，數字愈小則麵粉愈白。

　　法國麵粉所生產的麵粉，灰分質較高，粉粒也較粗。用法國麵粉烤出來的麵包風味比較有層次，麵粉顏色會比其它國家來得偏黃，本身有一股淡淡的麥香味。因為麵粉的特性是純粹的麥香，在台灣法國麵粉大多拿來做麵包，較少拿來做成甜點類。

　　台灣市面比較看得到的法國麵粉有 T55 和 T65。所謂 T55，就是指麵粉礦物質含量 0.55%，接近中筋麵粉，大多拿來做法國麵包或是可頌，如果搭配天然酵母長時間發酵，外皮會有虎皮一般的小氣泡，裡面的組織卻很柔軟。而 T65，即是指麵粉礦物質含量 0.65%，比較接近台灣的高筋麵粉，可以拿來做法國長棍麵包。

麵粉的好搭檔

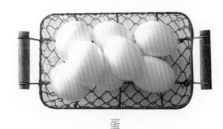

蛋

蛋（Egg）

　　蛋糕可以膨脹鬆軟的最大原因就是來自於打發的雞蛋。只要是較新鮮的雞蛋，濃厚的蛋白就愈多，而且打出來的氣泡安定度也較高。而沒有打發的蛋，主要是添加香氣，增加色澤，以及做為天然的乳化劑。用蛋液塗抹在烘焙品上，可以增加表面的亮度，而且蛋黃中的油乳也有柔軟烘焙品的作用。

奶油

植物油

二砂糖

白砂糖

糖粉

奶油（Butter）

　　奶油除了提供香氣以外，還可以改變烘焙品的質感。因為烘烤的溫度、奶油加入的時間點和分量，會讓糕點產生不同的口感。像做派時，我們先把奶油和糖打成發白，讓空氣進入奶油中，在烘烤時再把空氣推送出來，讓烘焙品膨脹起來；做餅乾時，我們常吃到的酥脆口感，也是因為乳霜狀的奶油像薄膜般的分散在麵團中，讓麩素不容易形成，因此保有酥脆的口感。另外，加入愈多油脂的麵團，也可以防止烘烤好的成品流失水分，因而保存較久。

　　一般用在烘焙時的奶油大多是無鹽奶油，但近幾年來也有人直接用含鹽的奶油，然後減低配方中鹽的分量。有些人不喜歡奶油所提供的濃郁感或有其它的特殊要求時，就會用植物性的油脂來替代。

糖（Sugar）

　　甜點少了糖，就像少了靈魂的軀體一樣，食之無味。而且，糖的作用不只是增加甜味，還能安定打發的蛋（吸濕性：加了糖再打發，糖會吸附蛋的水分，讓氣泡不容易崩壞），為烘焙品增加色澤（加熱時的梅納反應），提供烘焙品的濕潤度（吸水性、保濕性：保持澱粉分子間的水分，讓澱粉不易老化），更可以當作保存劑，防止果醬的腐壞（糖吸附了微生物繁殖時所需要的水分，所以微生物就無法繁殖）。

　　烘焙常用的糖是白砂糖，次之是糖粉。在製作奶油霜或是水分較少的糕點時，就會用糖粉。

鹽（Salt）

　　一般鹽分大約占麵粉量的 1.5%。鹽除了可以調整麵包的風味外，還可以防止麵團鬆垮。它可以拉緊筋度，增加麵包成品的體積，也可

鹽

以加強彈性，有效抑止發酵作用，不會傷害麵筋。蛋糕加入鹽，可以讓海綿體更潔白，以及增加組織的彈性。

酵母（Yeast）

　　酵母標準比例是麵粉重量的 0.5% ～ 3.5%，也就是每 500g 麵粉可以加入 2.5g ～ 18g 的新鮮酵母，如果是乾燥酵母，用量就要減半。又如果是隔夜發酵的麵團，發酵時間較久，那就只需要放 2.5% 麵粉量的酵母即可。

酵母

・濕酵母（Leavain）：

這是使用最普遍的酵母，在 10℃ 以下可以保存一週，無法冷凍保存，適合於糖分多的麵團或是需要冷藏儲存的麵團。

・乾酵母（Dry yeast）：

這是把酵母做低溫乾燥，做成乾燥的酵母粉。乾酵母的發酵作用為生酵母的兩倍，因此很適合用在長時間發酵的麵團。

水（Water）／其它液體（Liquid）

水

　　水和麵粉調和後會變成糊狀，因為麵糊中的蛋白質吸收水分以後會形成麩素，麩素會包覆在澱粉粒子的周圍，形成立體的網狀結構，經過加熱過程，這些形成的結構會膨脹而形成蛋糕體。

　　光是水和麵粉就可以依比例而定調出麵團和麵糊。如果要調成麵團，麵粉量就要大於液體的量，這樣麵粉中的麵筋蛋白和澱粉粒就可以和水分完全結合；相反的，如果要調成麵糊，液體的量就要超過麵粉量，麵筋蛋白和澱粉粒則會均勻的散布在水中。

牛奶

　　水量太少時，澱粉糊化的水分不足，就無法形成柔軟的口感。增加水分的話，可以讓澱粉吸收更多的水分，而形成柔軟的糊化狀態，就可以烤成柔軟的口感。烘烤完成的蛋糕再增加水分可以烘烤出更加潤澤的成品，如加入牛奶可以增加風味。

泡打粉（Baking Powder）和其它化學膨發劑（小蘇打 Baking Soda）

泡打粉

小蘇打粉

泡打粉就是由小蘇打為基礎改良而成。麵團或麵糊當中加入小蘇打或是泡打粉，會因為加熱而膨脹，因為碳酸氫鈉的成分會溶於麵糊的水分中，而產生二氧化碳。但是以小蘇打做為膨脹劑的烘焙品會有苦味，為了改良這個苦味，就有了泡打粉。市售的泡打粉，大部分的成分都是玉米粉去調合的，是為了中斷泡打粉中酸性劑和碳酸氫鈉相互接觸產生的反應。

香草莢（Vanilla Pod）

香草莢

調和麵糊最常用的自然香氣就是香草。它也許不是麵粉最好的朋友，但是如果麵粉要帶上香氣就非它莫屬了。香草獨特的香氣和蛋、牛奶都很相搭，只要是加上香草的烘焙品，在價格和質感上都提升不少。

香草莢是蘭科植物的一種，像豌豆莢一樣的形態，未成熟前是綠色的果實，經由本身特有的酵素發酵後，會產生沈穩香甜的氣味——香蘭素（Vanillin)，再經過乾燥製程就會變成黑色細長的香草莢。有人把香草莢提練成香草精，替代新鮮的香草籽，當然香氣是有差異的。使用新鮮的香草莢，先縱切，用刀子刮下莢內兩側濃密散佈的香草籽。連香草莢都有香氣，可以放在糖罐中，自製簡單的香草糖。最著名的品種為波本香草莢，以馬達加斯加島和留尼旺島最著名。

烘焙材料對麵團（或麵糊）的影響

麵團（糊）材料	屬性	行為	影響	加熱時現象
麵粉中的小麥穀蛋白	蛋白質	構成相連的麵筋網絡	讓麵團變得有彈性	糊化作用
麵粉中的澱粉	碳水化合物	填補麵筋網絡的空隙	軟化麵團、烘焙時固定麵團結構	吸水
水	液體	稀釋麵糊、促使麵筋網絡成形	讓麵團變柔軟	糊化作用
酵母、膨脹劑	活菌	產生二氧化碳氣體	讓麵團體積變大、變鬆軟、增加風味	膨脹
膨脹劑	純化化學制劑	產生二氧化碳氣體	讓麵團體積變大、變鬆軟、改變顏色	膨脹
鹽	礦物質	強化麵筋網絡	讓麵團變得有彈性	強化連結
糖	碳水化合物	弱化麵筋網絡 吸收水分 梅納反應	讓麵團變得柔軟 保持成品水分及烘烤時的水分 增加風味和著色	梅納反應
蛋黃	脂肪、乳化劑	弱化麵筋網絡、乳化劑安定氣泡和澱粉	麵團會變柔軟、延遲老化	乳化
蛋白	蛋白質	蛋白質凝塊	補強麵筋結構	凝固
奶油（乳漿）中的蛋白質、氨基酸、還原糖	脂肪、乳化劑、糖分	梅納反應 弱化麵筋網絡	增加風味口感 麵團會變柔軟	
液狀奶油	油脂、乳化劑	乳化劑安定氣泡	延遲老化	安定麵糊
乳霜狀奶油	油脂、乳化劑	防止澱粉附著、使麩素不易形成、乳霜性讓空氣進入	增加酥脆感 讓烘焙品膨脹	

烤箱溫度換算：攝氏溫度°C =（華氏溫度°F −32）×5÷9　華氏溫度°F =攝氏溫度°C ×9）÷5+32

Baking Tools 本書使用器具

電子秤、量秤（Scales）

　　所有的材料，除了有量杯、量匙的協助，使用電子秤精準的測量是很重要的。購買時，找間距刻度較小的電子秤，也可用在小克數的材料秤量。

量杯、量匙（Measuring Cups And Spoons）

　　量器在烘焙上是一個重要的角色，大多使用在小克數的材料秤量上，像是鹽、胡椒、香料等，大多使用量匙來加速秤量；而量杯會用在小 cc 數的液狀體，以刻度來代表所秤量出來的 cc 數。

放涼網架（Cooling Racks）

　　建議買有架高的網架，當剛烤好的烘焙品放置在上面時，冷空氣可以由架下流通，把熱氣帶走，冷卻效果也較好。

烤盤（Baking Tray）

　　依照家中所使用的烤箱來選擇烤盤大小。市面上有鋁製、不鏽鋼製的烤盤。鋁製的較易變型，但大小的選擇較多；不鏽鋼較耐用，但價格差異很大。

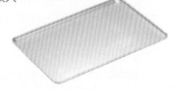

矽膠烤墊（Silicone Baking Mat）

　　因為烘焙品如果直接放置在烤盤上進烤箱烤，容易沾黏在烤盤上不易清除，而且造成烘焙品的破損。矽膠烤墊防滑又耐高溫，所以把烘焙品放置在烤墊上，就免除了沾黏的問題。也有做成工作桌大小的矽膠墊，可以直接在墊上操作揉麵團和混合材料。

烤盤紙（Baking Paper）

　　如果沒有烤墊，就可以裁剪烤盤大小的烤盤紙來替代。烤盤紙還可以在麵糊倒入烤模前，先裁剪適當大小圍在模具底部和四周，方便蛋糕脫模外，還不會沾黏到模具。烤盤紙也可當成盲烤塔皮時烘焙豆子和塔皮中間的介質，避免烘焙豆子在烘烤過程中陷入柔軟的派皮裡。

木匙（Wooden Spoon）

因為木質不會導熱，所以在火爐上的加熱時，使用木匙較好操作，不用擔心被燙傷，而且攪打麵糊或麵團時，木匙也是一個很好的工具。

打蛋器／手持電動打蛋器（Wisk ／ Electric Hand Mixer）

鋼線較多的打蛋器是用在雞蛋的攪拌上，可以攪打出較為細緻的氣泡；而鋼線較少的是用在鮮奶油的攪拌上。當然你也可以混合使用，只是鋼線愈多，混拌時受到的抵抗愈大，就必須更用力的攪打。把手較短、鋼圈較小的打蛋器，用在打麵糊上，手距愈短，遇到比較紮實的麵糊會較省力。本書使用較多手持電動打蛋器，雖然較沒有手感，但是可以在混合和打發的動作上節省不少力氣。

烘焙豆子（Baking Beads）

烘焙豆子大多使用於盲烤塔皮，增加塔皮上的重量。但記得要在塔皮和豆子中間隔一層烤盤紙，以免稍有重量的豆子陷入未定型的軟塔皮中。如果沒有烘焙豆子，可以用米、紅豆、綠豆等來替代。

刮板（Dough Scrapers）

這是用來分割麵團、攪拌糊狀原料、整型和刮起桌面上的麵團或麵粉的協助工具。有不鏽鋼和橡膠兩種，後者的彈性較大。

長柄（橡膠／矽膠）刮刀（Rubber ／ Silicone Spatulas）

這種刮刀有食品級橡膠塑料或矽膠兩種材質，除了矽膠可以同時使用在冷、熱的處理上外，其它的功能都是相同的。長柄刮刀，通常用在拌攪麵糊和刮取鋼盆裡的混合物，較容易順著容器的弧度清理乾淨。現在也有很多不同刮頭及手柄長度的刮刀選擇，處理不同份量的材料。建議至少購買大小兩支以上的刮刀，並且鹹食和甜食使用時要分開。

烘焙用刷（Pastry Brushes）

刷子用在加亮甜品、刷蛋白或是融化奶油。刷具現在有各式的材質，尼龍和毛刷是最普遍的材料，但尼龍的無法刷加熱的原料，因為尼龍也許會因為加熱而融化。烘焙時建議有 2 ～ 4 把刷子，分別用在奶油 (油脂)、蛋、果膠和其他，這樣就不會因為不同物質交叉使用而影響味道。清洗的時候，不要使用任何清潔劑，因為刷子容易殘留清潔劑，而且清洗完的刷子應該先陰乾後再儲藏起來。

過篩網（Sifters）

用在過濾粉料、去除粉料的結塊。過篩網的粉料也會變得較為輕盈並且均勻。

擠花袋和擠花嘴（Piping Bags and Nozzles）

有各種不同尺寸和材質的擠花袋，依照每次要填入的量來選擇大小。而花嘴除了裝飾蛋糕花飾用的各式花嘴外，大多分為平口和星形，就看要打出來的麵糊形狀及大小來選擇。每次清洗花袋後，應翻面晾乾。

鋼盆（Mixing Bowls）

建議使用底部較小，整體較像圓形的鋼盆。因底部愈圓滑沒有死角，攪打的時候就愈均勻。材質以不鏽鋼和銅製的最好。

擀麵棍（Rolling Pin）

廚房裡使用的擀麵棍最好準備好大、小兩種尺寸。大的用來處理較大的麵團，因為大擀麵棍的重量可以較輕易擀平麵團，小的擀麵棍就可以拿來處理較小的細節及小面積的麵團。

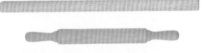

不同大小的蛋糕／麵包／塔皮模具 及其它特殊蛋糕模具（Tins and Molds）

麵團或麵糊烘焙模具通常有幾種材質：鋁合金、鍍鋁、不鏽鋼、矽膠等，是市面上最常見的材質。有些模具是可以脫底的，有些在底部有圖樣設計，更有些是上下封起來（土司）烤的。不管是什麼模具，目的都是為麵團或麵糊的塑型，因為除了麵包麵團外，其它的麵糊或麵團都無法在烘烤時、結構未完整時維持住該有的形體，模具就是協助塑形的最好工具。在使用模具要注意的是，依照模具的材質及麵團、麵糊的性質，必須方便脫模先上油，上粉或用烘焙紙打底。

本書材料份量單位換算表

較輕的調味料（肉桂粉／可可粉／胡椒／玉米澱粉）

1 tsp = 1 tea spoon（一小茶匙）= 2g

1 tbsp = 1 table spoon（一大匙）= 7.5g

鹽／黑胡椒

1 pinch =用兩指去夾起的量

1 tsp = 1 tea spoon（一小茶匙）= 5g

1 tbsp = 1 table spoon（一大匙）= 15g

泡打粉

1 pinch =用兩指去夾起的量

1 tsp = 1 tea spoon（一小茶匙）= 4g

1 tbsp = 1 table spoon（一大匙）= 12g

液體（牛奶／水）

1 ml = 1cc = 1g

油脂

1 tsp = 1 tea spoon（一小茶匙）= 4g

1 tbsp = 1 table spoon（一大匙）= 12g

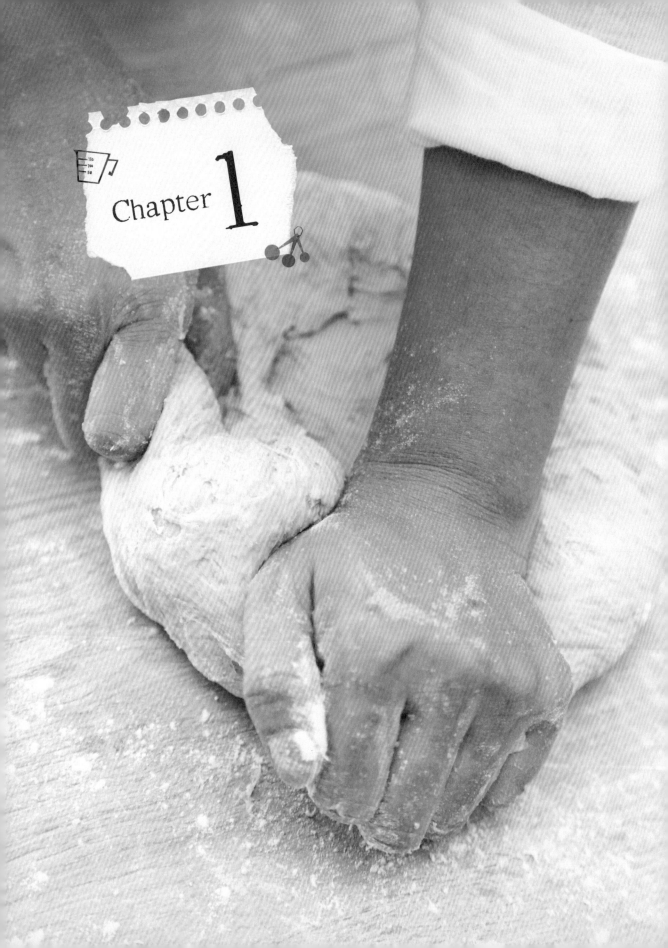

Chapter 1

Bread Dough
酵母麵團

　　每個人都想要自己做麵包，但是在大家的想像裡，做麵包是一件繁鎖又耗時間的事。如果你了解做麵包的材料比例之後，其實就沒有你想的那麼難！

　　最基礎的麵包麵團比例是　麵粉：水＝ 5：3，再加上少量的鹽和酵母即可。

　　比例正確了，只要不追求花俏的手法，不用任何道具，也可以做好一個樸實又好吃的麵包。只要時間安排恰當，就可以利用很多的技巧去完成麵包，像是免揉麵團，即可省去揉合步驟；而冷發酵麵團，可以省去一日等待的時間，而且成品不會比麵包吐司機或是依照正統時間和技巧做出來的差！了解酵母帶給麵團的作用以及其他材料帶給麵團的口感影響之後，就可自己烘烤獨一無二的麵包了。

　　麵包，大致可分為低糖、低油脂成分的"瘦麵團"（Lean Bread Dough）和添加油脂、糖配方的"胖麵團"（Rich Bread Dough）。麵包的基本材料就是，麵粉、水、鹽、酵母四種，光這四種材料組合的瘦麵團就可以烘焙出具有單純麥香的無油麵包；而加了油脂和糖的胖麵團，則可烘焙出具有香甜、柔軟及膨鬆個性的麵包。

🥄 主角材料：酵母

🍞 使用麵粉：高筋麵粉、中筋麵粉

酵母麵團基本材料和比例

麵粉　　　　　水　　　　酵母菌　　　　鹽

= 　100 　: 　60 　: 　3 　: 　2

瘦麵團基本材料和製程

麵粉 + 水 & 酵母菌 + 鹽 or 糖 = 瘦麵團

胖麵團基本材料和製程

瘦麵團 + 奶油 + 糖 = 胖麵團

配方比例的調整

如果要輕一點的酵母麵團，
麵團要：

· 發酵到大一點的形體

· 觸摸起來要軟

· 材料少油、少糖

· 加入蛋

· 發酵時間較長

· 使用發酵過的麵團（老麵）做發酵介質

如果要濃郁一點的酵母麵團，
麵團要：

· 發酵較小的形體

· 加入較大量的油和糖

· 加入乾果或核桃類

· 加入蛋

· 發酵時間較短

· 用冷發酵方法製作麵團

四種製作方法

　　生的麵包麵團基本上都是活的，受材料、溫度、酵母及操作方式影響。這些變因會讓每次烘烤出來的麵包的結果不同，也因為這樣，做麵包的樂趣比其他糕點來得大，這也是一定要自己試著動手做麵包的原因。不要過於依賴麵包機的方便性，而犧牲了烘焙過程中發生變因的各種小驚喜。

做麵包的方法是多樣的，大致分成以下四種：

直接揉合法（Conventional Dough Making Method）：

　　把所有的材料一次性的加入並揉合在一起，是最簡單，也最能呈現麵粉風味的做法，這是進階到其他製作方法之前，最快速省時的方式。本書所用的酵母麵團大多用直接揉合法，帶大家輕鬆地進入麵包的殿堂。

中種加入法（Fermentation Dough Method）：

製作麵包前，需先準備揉合中種麵團。中種麵團是先將 70％的材料（麵粉、水及酵母）揉製成一個中種麵團，發酵後再加入剩下的 30％材料，再混合揉製成一個麵團。中種，因為使用的材料很簡單，所以酵母有一個很愉快的環境發酵，花了 1～3 小時發酵好的中種麵團，再和其它材料揉合在一起，最後會成為一個柔軟、有彈性、麵筋延展性較好的麵團。麵團是在低溫下長時間發酵而成，所以麵團的水合狀態佳，麵筋的延展性也變好。

冷發酵法：（Cold Method）：

這也是先用直接揉合法製作而成的麵團，不同的是將它直接放入冰箱中冷藏慢慢發酵，這個方法大多用在油脂較多的麵團，因為在冷發酵期間麵粉會吸收較多的水分，較多的油脂可以防止水分的蒸發。

發酵酸種法（Sour Dough）：

就是所謂的老麵加入法，這裡所使用的發酵媒介，不是用工業用酵母，而是水和麵粉混合後，讓麵團和空氣中的酵母自然形成發酵作用。

Bread
Dough

 材料使用秘訣

酵母菌（Yeast）

酵母是讓麵包美味的功臣，它是有機體，有生命的，但是我們肉眼卻看不見。大致上可以分新鮮（Fresh）、活性（Active）、速發（Instant）三種。

新鮮酵母，又分為壓縮酵母和自製酵母菌種。壓縮酵母菌的外觀看起來有點像奶油塊，手感濕潤，味道也較重，較無法保存，但確實會給麵包不同的風味。

自製酵母菌，大多是用蘋果、葡萄……等水果製作而成，因為酵母需要糖分來做為養分，所以把泡水的水果放在溫暖處就可以培養出初種，以濾去果渣留下汁液的方式，再加入中筋麵粉、麥芽精和水，以反覆餵養的方式完成酵母菌。

因為水果酵母菌對麵團的發酵時間長且慢，不如乾酵母來得方便且快速，所以現在的烘焙坊，用乾酵母比較多。因為它可以提升麵包的品質，也可以讓麵包有比較長的保存壽命。

活性乾酵母，是乾燥後加上非活性外膜的酵母，所以在混入麵粉之前，一定要在水中先溶解。使用 37℃的溫度溶解，會讓酵母伸展開來。

速發酵母，因為不含非活性外膜的酵母，所以不需要先用水讓酵母舒展開來，直接和麵粉及其它材料混合就可以了。

無論你使用哪一種酵母，添加量是非常彈性的。差別在於，如果酵母加的愈多，發酵的就愈快，而且發酵時間愈長，麵包的味道就愈強烈。一般來説，發酵環境不可以超過 35℃，如果溫度太高，會讓二氧化碳產生的速度加快而製造出更多的酸，讓麵團散發出難聞的氣味。

當麵團材料混合時，記得讓酵母遠離鹽和糖，因為鹽和糖都會影響酵母的發酵作用。

儲存酵母菌最好的溫度為 4℃～7℃，而且包裝要密封。沒有密封的酵母，容易失去活力而失去發酵的功能。

冬天所需要的酵母比夏天來得多。因為冬天時，低溫讓酵母的作用較慢，所以可以增加原配方量的 1/3。

冷凍麵團的配方中要加入較多的酵母菌。因為在冷凍時，30%的酵母菌會死亡，等麵團溫度升高時，原本冬眠的酵母菌會醒過來，但是大概只有70%的酵母會作用。

- ▪ **新鮮酵母換算成乾酵母粉**
  所需的新鮮酵母量 × 0.5
  = 所需的乾酵母量

- ▪ **活性乾酵母粉換算成乾酵母粉**
  所需的活性乾酵母粉量 × 0.7
  = 所需的乾酵母量

鹽（Salt）

鹽會抑止酵母的滋長，讓麵團有延展性，並增加麵包的風味。當然做麵包的時候也可以不加鹽，只是烘烤出來的麵包因為沒有鹽來緊實筋度，所以彈性較差，變成黏性較大而扎實的麵包。

沒有加鹽的麵團也需要較久的時間發酵。

油脂（Fat）

油脂主要目的是增加麵包的香氣，也可以增加麵團的延展性。也因為油脂包覆了麵包內部的組織，防止水分蒸發，所以麵包口感會較鬆弛柔軟，也延遲了老化和硬化的時間。

添加劑（Additive）

麵包所使用的添加劑，包括益麵劑、改良劑⋯⋯等。益麵劑，就是業界常用的麵包乳化劑，可以讓麵包口感更柔軟，也可以幫助材料混合得更均勻，讓麵包不易老化。

改良劑，是可以改良水質的軟硬度。

由於本書的配方是提供給在家做麵包的你，所以沒有使用到任何的添加劑，如果真的需要用到，要好好地了解它的功能和用途再使用。

麵粉（Flour）

麵粉是供應麵團筋性的來源，這不是其它的粉類可以替代的。高筋麵粉因為蛋白質含量最多 （即筋度最高：含高度的黏性和彈力），會在揉合甩打的過程中把所有的材料連結起來，成為一道強而有力的薄膜組織，保留住發酵過程中的二氧化碳，讓麵團飽含氣泡而烘烤成蓬鬆又柔軟的麵包。

水分（Liquid）

水分是為了幫助麵粉形成筋性，水分放多放少，也會影響到麵包的軟硬度。水分多可以完成較軟的麵包，水分少則較硬。酵母麵團裡加的水分可以由牛奶、蛋等液體材料中攝取。水分加入時的溫度，最好控制在比人體溫度稍低的狀態。溫度太高，會讓酵母菌失去作用。最好讓完成的麵團溫度在 30℃ 以下。

Bread
Dough

⏱ 操作技巧

時間分配

準備（10 分鐘）→揉捏混合材料（15 分鐘）→第一次發酵（45 ～ 60 分鐘）→分割切塊（10 分鐘）→靜置休息 （10 分鐘或是進入冷藏一晚 12 小時）→整型（10 分鐘）→第二次發酵 （30 分鐘）→進烤箱（15 ～ 30 分鐘）→出爐

製作酵母麵包有四項基本步驟

1.【混合成一個麵團】把麵粉、水、 酵母和鹽混合在一起。

2.【揉捏混合】把所有材料用柔軟的力量整合在一起，讓麵團產生麵筋綏絡。

3.【麵團的休息】即發酵。這個過程可以讓酵母生成二氧化碳，讓麵團中充滿氣穴。

4.【烘焙】用熱能讓麵包結構形成。

發酵

　　在家發酵麵包有幾種方式。天氣熱的時候，直接放在室溫下，讓麵團自然發酵即可。但遇到天候不佳，可以找一個較大的保麗龍，裡面放上一杯 60℃ 的溫水和已揉合好的麵團，蓋上蓋子就可以發酵，等水變冷的時候再換一杯溫水。另外，家中的微波爐、大同電鍋也可以成為簡易的發酵箱，一樣是放入一杯 60℃ 的溫水，為還沒發酵的麵團製造一個溫暖的環境。

半透明玻璃檢查法

　　手揉麵團的時候，有時很難判斷麵團的揉合是否已經完成，可以將材料揉製成一個麵團後，捏起一小塊的麵團，輕輕的用雙掌和手指的力量夾住麵團的邊緣，往四邊拉開。還沒拉斷之前，如果可以拉出半透明玻璃的透明感，而且是不會斷的薄片，就代表麵團的筋數已經發展完全，可以進行後段的步驟了。

揉合麵團

　　永遠記得揉麵團時，水分要保留一些，不要一次加完。因為天氣的濕度、麵粉的濕度以及材料的替換會使得麵團需要不同的水分量。如果麵團過乾，還可以再加水調整，但是如果過濕，就較難用粉去調整麵團了。

揉合麵團後覆蓋保鮮膜和濕布

　　揉合好的麵團，放置在室溫發酵時，如果室內濕度較低，麵團表面會變得乾燥，使得膨脹的效果變差。也因為過度的乾燥，會讓麵團表層有剝落的現象。所以再覆蓋一層濕布是讓麵團保持水氣。

發酵麵團的判斷

到底發酵到什麼時候才算完成？食譜上的時間通常是一個參考值。有兩個比較簡單的方式判斷是不是可以中止發酵過程。一是看麵團的體積已經膨脹至原來揉好的兩倍大，另一個方式就是用手指去戳麵團，如果麵團壓下去之後有印痕又不會彈回來，就表示麵筋已經到了彈性的極限。

整型後的第二次發酵

整型好、切割好的麵團為什麼要第二次的發酵？原因是整型後的麵團，有點被強迫定型，麵團很緊繃，但是給麵團休息一下，酵母又開始活絡起來，麵筋也變得柔軟，而且因為二氧化碳的產生，讓麵團內部再度延展開來。

Bread
Dough

麵包的保存方法

當天沒吃完的麵包，最好的保存方法是冷凍，要不然就是放在室溫。如果隔日可以吃完，千萬不要冷藏。

因為麵包開始冷卻時，澱粉就會開始老化，麵包也會因此漸漸變乾變硬。冷藏在冰箱的麵包，水分會被抽乾而變得又乾又老。有實驗說明，麵包在 7℃ 的冷藏室中擺放一天，其老化速度等同於 30℃（即室溫）的狀況下擺放 6 天，老化的情況在冰點 0℃ 以上時速度最快，冰點以下就會變得緩慢。如果想要保持麵包原來的風味及口感，又無法在當日食用完畢，可以將麵包密封好，再放置於冷凍室，食用時再退冰烘烤，即可恢復柔軟的口感。

麵包保存在室溫不超過 2 天；冷凍不要超過 2 星期。

Lean Dough Bread

瘦麵包

麵包也分瘦胖，好玩吧！其實有胖有瘦，是加入油脂多少來分類的。像油脂加得多的必又許麵包就是所謂的胖麵包。而這個配方當中沒有加入任何油脂，或者加入少量比例油脂的配方，都可以稱為瘦麵團。不管油脂加多加少，都是為了創造不同口感和風味。這也是告訴我們，配方必須在一個基礎下調和，各種原料的大小量都會造成影響，而且總是會有意想不到的結果。

 準備

烤箱溫度
第一階段 220℃
第二階段 190℃

烘烤時間
第一階段 10 分鐘
第二階段 20 分鐘

份量
8 人份

使用器具
鋼盆
過篩器
刮板
保鮮膜
濕布
擀麵棍
劃麵刀
烤盤
矽膠烤墊

 材料

高筋麵粉 566g
水 340g
速發乾酵母粉 4g
鹽 12g

做法

混合成麵團

1. 麵粉過篩在桌上做出粉槽。
2. 放入鹽混合在一起。
3. 讓乾酵母粉和 20g 的水稍稍混合。
4. 再加入酵母菌水。
5. 把剩餘的水,倒入麵粉中稍稍混拌。
6. 用雙手揉合成一個光滑的麵團。

7. 拉出一小塊麵團，用半透明玻璃檢查法，確定麵團發筋完成。

麵團休息

8. 把麵團放置在鋼盆中，用保鮮膜和濕布覆蓋住，放在較高溫的地方開始發酵。

9. 等麵團發酵成兩倍大的體積時，用手指去按壓麵團的表面，麵團不反彈就代表第一次發酵完成。

整型

10. 把發酵完成的麵團，移到撒好手粉的桌面上。

11. 先把圓麵團按壓成扁形，把多餘的空氣排出，並讓酵母重新找位置舒展。

12. 然後把麵團平均分成 2 份，再揉回圓形。

13. 讓麵團休息 10 分鐘，使酵母重新可以在麵團中舒展開來。

14. 在麵團的頂端劃上×，然後再讓麵團做第二次發酵，約 1 小時。

烘焙

15. 進烤箱前，麵包團上撒上手粉。

16. 設定烤箱溫度為 220 ℃，然後進烤箱烤 10 分鐘，再把溫度降成
    190℃，烤 30 分鐘即完成。

🥐 Tips

• 如果麵團的發酵時間到了，但是壓下去有反彈，
  就代表還需要發酵一些時間。
• 麵團配方中，油脂比例超過 20％就算是高油脂。
• 麵粉可以用部分的全麥麵粉替代，但替代比例建
  議不要超過 30％。

Milk Hearth
牛奶哈斯麵包

這是軟式法國麵包的其中一種。在這個麵包配方裡，用牛奶替代了所有的水分，所以有淡淡的牛奶香。另外，在這個配方中加入了低筋麵粉，低筋麵粉會讓這個麵包的口感較軟，韌性較弱，所以 這款麵包不但適合單吃，也很適合拿來做三明治。

它的配方是：麵粉＋酵母＋牛奶 & 蛋黃＋常溫奶油。

準備

烤箱溫度
180℃

烘烤時間
25 分鐘

份量
6 人份

使用器具
鋼盆
過篩器
矽膠刮刀
矽膠刮板
量秤
濕布
保鮮膜
刻麵刀
烤盤
矽膠烤墊
刷子

材料

高筋麵粉 350g　　速發乾酵母粉 5g
低筋麵粉 150g　　蛋　25g
鹽 5g　　　　　　牛奶 325g
白砂糖 40g　　　　無鹽奶油 40g（室溫）

做法

混合成麵團

1. 把所有乾粉材料過篩，在桌面上造一個粉牆。
2. 加入蛋黃和 190g 牛奶，和粉料攪拌均勻。剩餘的牛奶再酌
   量加入。

揉捏混合

3. 搓揉麵團，讓材料完全混合，一直到麵團拉出筋性。
4. 加入軟化的無鹽奶油，繼續揉麵團形成光滑面，拉開一個小
   麵團形成薄膜狀即可。
5. 再將大麵團分成 3 個 300g 大小的麵團。

麵團休息、再整型

6. 麵團第一次發酵，上面蓋一層濕布，在 26℃ 的溫度下發酵 90 分鐘。

7. 把多餘的空氣拍除，再將發酵的麵團擀平整型。

8. 兩邊向中間捲起，再把兩邊捏合起來。

9. 長條麵團翻面後，再垂直縱向擀平成長條形。

10. 再捲成一短柱形,收尾在下方。

11. 讓麵團休息,再發酵 30 分鐘。

12. 用刀在麵團上面直劃 3 ～ 5 刀。

13. 塗上蛋液。

烘焙

14. 烤箱預熱 180℃。

15. 烤 25 分鐘即完成。

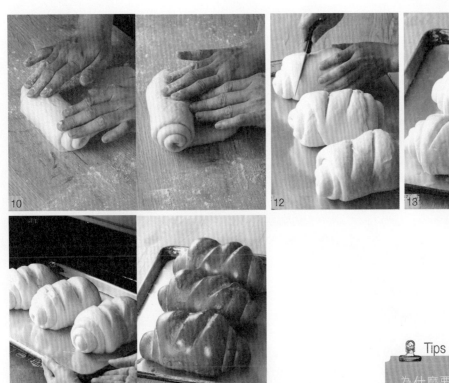

Tips

為什麼要在麵包表面
上劃刀痕呢?其實主
要有兩個功能,一是
讓體積比較大的麵包
可以烤得更透徹,二
是可以讓麵包的外形
更美觀。

Low Temperature Fermentative Bread

低溫發酵法麵包

　　低溫發酵法，最大的特色就是用比較少量的酵母粉（是一般發酵的 1/3 ～ 1/4 用量），利用長時間和低溫進行發酵，不受酵母味道影響，能完全呈現素材的原味，製作出口感豐富的原味麵包。

　　低溫發酵有兩個好處，一是時間的分配比較自由。一般發酵需等待兩個階段的發酵時間，大概要花掉你大半天的時間。但是，低溫發酵的麵包可以在前一天就做好麵團，然後放入冰箱經過一夜的冷藏發酵，次日早上再拿出來回溫及整型切割，再做最後發酵，這樣就不用為了做麵包而整天被麵團綁架了！另一個好處是，經過一夜長時間發酵的麵團，因為麵粉可以長時間吸收水分，所以烘焙出來的成品也比較濕軟。

準備

烤箱溫度
190℃

烘烤時間
15 分鐘

使用模具
密封容器
12cm 長
12cm 寬
20cm 高

份量
4 人份

使用器具
過篩器
矽膠刮板
鋼盆
密封容器
刷子
膠帶
烤盤
矽膠烤墊
劃麵刀
篩網

 材料

高筋麵粉 200g
速發乾酵母粉 1.5g
鹽 3g
白砂糖 6g
水 120g
植物油 少許（塗容器用）

做法

混合成麵團

1. 所有乾粉料放入鋼盆中拌勻。

2. 然後慢慢加入水,攪拌搓揉成一個不黏手的麵團。

3. 麵團移至工作台上,繼續用手搓揉的方式把麵團整合在一起,抓住麵團一角朝桌上用力甩出,對折,把麵團轉 90 度繼續甩打和揉製。

4. 當麵團的光滑面出現後,接著把麵團滾圓。

麵團休息

5. 密封容器裡塗上一層植物油。

6. 再把麵團放入密封罐中。

7. 將密封的麵團放入冰箱,冷藏發酵至少 12 小時。

揉捏混合

8. 取出冷藏發酵完成的麵團 ,不用掀蓋,置於室溫回溫約 0.5 小時後再打開蓋子,將麵團移至撒了少許手粉的工作台。

9. 用手輕壓麵團排出空氣，切成 2 等分，滾圓。

10. 蓋上濕布，放置 10 分鐘發酵，讓麵團鬆弛。

11. 再用手輕壓數次排出空氣，將麵團滾圓。

12. 將滾圓的麵團置於烤盤，在高溫的室溫下再發酵 50 分鐘。

烘焙

13. 將烤箱預熱至 190℃。

14. 用刀在麵團中央切 2 個刀口，麵團表面撒上手粉。

15. 放進已預熱的烤箱烘烤 15 分鐘後，烘烤完畢移至散熱架上放涼。

 Tips

- 揉麵團加水時，不要一次全加，隨時觀察麵團的濕度邊加邊揉，盡量加完為止。
- 若密封罐比較矮，可以在密封罐裡的麵團表面上撒一點點的手粉，以免黏在蓋子上。
- 如果害怕記不得發酵的高度，可以用膠帶在密封容器上做記號。
- 烘烤時，可在烤箱水盤中倒一杯滾水製造水蒸氣，有助外皮薄脆。

Non-Knead Crusty Bread

荷蘭鍋免揉麵包

紐約師傅 Jim Lahey 利用鐵鍋容易聚熱的特性，發表了這個簡單、不用反覆揉製的麵包配方及做法，而且烤出來的麵包依然有一般常規麵包的脆皮和充滿氣孔的內部組織。這種麵團含水量較高，因為省略了揉製的過程，所以材料混合後水分不會馬上被麵粉吸收，而是利用室溫下長時間的發酵，讓麵團慢慢的吸收水分。而且酵母粉放得量很少，所以不會因為長時間發酵讓麵團變酸，如果你很忙，又正好有荷蘭鍋（鑄鐵鍋），不妨試試這個做法。

準備

烤箱溫度
220℃

烘烤時間
第一階段 20 分鐘
第二階段 10 分鐘

使用模具
40cm × 20cm
橢圓鑄鐵鍋
（荷蘭鍋）

份量
8 人份

使用器具
鋼盆
刮板
擀麵棍
保鮮膜
濕布
荷蘭鍋
網架
劃麵刀

材料

高筋麵粉 450g	鹽 3g
水 300g	橄欖油 20cc
速發乾酵母粉 3g	

做法

混合成麵團

1. 把過篩的麵粉倒在桌面上，築成一個粉牆，加入乾酵母粉和鹽，稍稍混合。
2. 然後慢慢加入水攪拌搓揉，把材料揉合在一起。
3. 揉成一個有點黏手的麵團。

麵團休息、再整型、再休息

4. 接著把麵團放置在鋼盆裡，然後覆蓋上保鮮膜，在室溫下發酵 10 小時。
5. 取出發酵成兩倍大的麵團，將麵團移至撒了少許手粉的工作台，稍稍整成一團。
6. 用手輕壓麵團排出空氣。
7. 用擀麵棍將麵團擀長。

8. 再對折,然後轉個向,再拉長擀平一次。

9. 再把擀長的麵團再對折。

10. 用雙手再把麵團整回圓形,放回刷了橄欖油的鋼盆。

11. 蓋上保鮮膜和濕布,在室溫放置 90 分鐘讓麵團鬆弛。

烘焙

12. 將烤箱預熱至 220℃,在麵團鬆弛 70 分鐘時,就可以把荷蘭鍋連蓋子放進烤箱預熱。

13. 用刀在麵團上切 2 個刀口。

14. 然後先在麵團表面塗上
　　橄欖油。

15. 再撒上鹽。

16. 把麵團取出，然後放進
　　燒熱的鍋中，蓋上蓋子，
　　進烤箱烘烤 20 分鐘。

17. 然後把烤箱內的荷蘭鍋
　　蓋子取下，再烘烤 10 分
　　鐘即可取出爐，將麵包
　　取出移至散熱架上放涼。

🐧 Tips

- 荷蘭鍋因為是鑄鐵鍋，所以傳熱很快，所以拿取的時
　候要特別注意鍋子的溫度，不要燙傷了。
- 麵團要以家中現成的鑄鐵鍋大小調整分量，以麵團可
　以放入鍋中的一半量為主。
- 如果鑄鐵鍋沒有蓋子，可以用錫箔紙封口，烤完再
　取下。

Brioche
Couronne
必又許麵包

　　法國麵包和必又許麵包是法國最主要的兩種麵包，必又許沒有加水，是以蛋和大量的奶油為主。所以做這款麵包的時候，奶油和蛋的品質很重要，因為相對含有大量油脂和糖分的麵團，對烘培師而言是很大的挑戰。油和糖會延緩麵筋的發展，削弱麵筋的發展，所以我們可以發現含油較多的麵團，會比較柔軟，不像油水麵包較有嚼勁；所以在烤這類的麵包時，膨發所需要的時間會需要較久，因為糖會讓我們放進去的酵母細胞脫水，酵母生長素度會減緩，另外糖分會讓麵團產生較快速的褐變反應，所以需要的烘烤溫度會較低，要不然表面就容易烤成焦褐色。通常會在麵筋形成後（即把粉類和水分先揉合在一起）最後再加入油脂。

準備

烤箱溫度
190℃

烘烤時間
20 分鐘

份量
4 人份

使用器具
過篩器
鋼盆
濕布
保鮮膜
剪刀
矽膠刮板
烤盤
矽膠墊

 **材料**

高筋麵粉 230 g　　白砂糖 25 g
牛奶 30 g　　蛋 2 顆
速發乾酵母粉 4g　　無鹽奶油 70 g（室溫）
鹽 5 g　　珍珠糖 少許

做法

混合成麵團

1. 把乾酵母粉放入常溫牛奶裡,讓酵母菌活化。
2. 將所有的乾粉料過篩,在中間做一個揉麵槽,加入鹽、白砂糖拌勻。
3. 再加入酵母牛奶。
4. 再加入蛋液,拌合所有的材料。
5. 用手拌至形成沾手的麵團。
6. 再加入軟化的無鹽奶油 。

7. 揉成一個不沾手的麵團,並且確認拉起麵皮是可透光不斷的。

麵團休息

8. 把麵團置於鋼盆內,用濕毛巾將麵團蓋起來,置於溫暖的地方讓麵團發酵 60 分鐘。
9. 60 分鐘後,將麵團輕輕揉打一下,把多餘的空氣打出來。

揉合整型

10. 將麵團分成 3 個 300g 大小的麵團,壓平擠出空氣,再揉成一個圓麵團。
11. 用手把中心點壓出一個凹槽,並且由中心點拉開,形成一個圈圈。

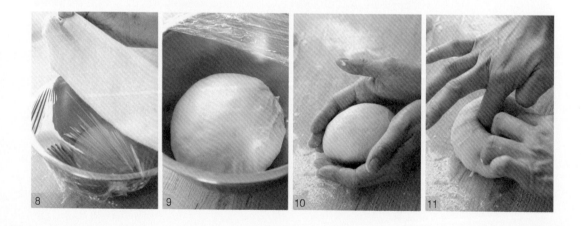

12. 用滾動繞開麵團的方式把麵團粗細調整成一樣大，再拉開一點以防發酵後又黏在一起。

13. 放在濕暖處，發酵約 30 分鐘或膨脹約兩倍。

14. 把麵團置於烤盤上，塗上蛋液後，用剪刀由麵團中心的上方向外圈剪一圈。

烘焙

15. 將烤箱加熱至 190℃，
　　麵團上撒上珍珠糖，放
　　入烤箱烤 15 分鐘，直到
　　表面上色後即可出爐。

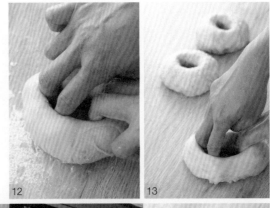

Tips

混合好的麵團如果當日沒有時間烤，可以置於 5℃ 冷藏室，這種方法叫做 "延遲發酵"。因為以前的師傅為了可以一早賣麵包，要漏夜揉麵團，讓麵團發酵。為了改善這個製程，就發現了低溫可以減緩酵母的活動力，並且讓酵母有更多的時間和細菌產生風味化合物質，所以從此就可以在白天做好麵團，冰在冰箱內，隔日再把麵包烤起來！

Rustigue Dough

洛斯迪克麵包

這款麵包是歐式麵包中的基本款，它僅僅用了麵粉、鹽、酵母和水去做了這個麵團。這款水分比較多的法國麵包，揉合時間短，口感較軟易嚼，香味也比其它的歐式麵包強，很適合直接沾著橄欖油吃。

準備

烤箱溫度
220℃

烘烤時間
30 分鐘

份量
6 個

使用器具
鋼盆
量杯
過篩器
矽膠刮板
烤盤
矽膠烤墊
擀麵棍
切麵刀

材料

法國麵粉 500g
鹽 10g
速發乾酵母粉 2g

常溫水 375g
白砂糖 5g

做法

混合成麵團

1. 乾酵母粉加入 100g 室溫水中，混合到溶解為止。

2. 把麵粉過篩。

3. 麵粉築成圈狀粉牆，加入鹽、白砂糖。

4. 再倒入酵母水和剩餘的水，由內側一點一點的用手把粉和水分溶合。

5. 開始拌揉，使麵粉均勻的吸收水分，直到揉成有點黏手的麵團。

6. 再不斷的揉麵團，一直到不斷裂即可。把麵團的光滑面翻上來，將不平整的邊緣收在底下，形成一個表面光滑的圓形麵團。

麵團休息、再整型

7. 蓋上濕布，在溫度 26 ℃的地方發酵 60 分鐘。

8. 輕輕的把氣拍掉，把麵團擀開後，上下往內對折。

9. 再擀開一次，再對折。

10. 再左右往內折，再對折，把邊收好。

11. 把折面壓在底下，再繼續發酵 30 分鐘。

12. 輕輕的把氣拍掉，整型成長方形，去除四邊多餘的邊，再整型成方形。
　　分成對等長方形六等分，再整型成方形 。

烘焙

13. 放在烤盤上發酵 40 分鐘。

14. 用切割刀由麵團的對角割 1 刀。

15. 烤箱預熱 220℃，進烤箱前先在
麵團上噴水。

16. 進烤箱烤 30 分鐘即可出爐。

Tips

這款麵包因為含水量較高，所以要揉合成一個出筋的麵
團是比較難的，所以揉合成有點黏手的程度就可以開始
進行發酵。第一次的發酵時間需要較長，也是為了麵粉
的糊化可以完成。

Forcaccia

佛卡夏麵包

　　來自義大利的佛卡夏已經有一千多年的歷史，是一款很平民的麵包。佛卡夏在義大利語中意指用火烤的東西，是義式披薩的前身，也是義大利人心中最普遍的麵包。以麵包餅為基底，淋上橄欖油、迷迭香和鹽，就能烤出簡單樸實的義大利家常麵包。想多一點變化的話，可以再加上黑橄欖或是培根等，變化成自已喜愛的口味！它和傳統的義大利 Pizza 皮很大的不同點是，佛卡夏的酵母菌用量比披薩多很多，所以較為膨脹厚實，而披薩較為薄、扁、脆。不過西西里 Pizza 和佛卡夏麵團很像，所以也有人就拿佛卡夏的麵團直接擀成 Pizza 的餅底。

準備

烤箱溫度
190℃

烘烤時間
30 分鐘

份量
4 人份

使用器具
烤盤
矽膠烤墊
過篩器
鋼盆
量杯
刷了
擀麵棍
濕布
保鮮膜

材料

高筋麵粉 250g　　水 150cc
速發乾酵母粉 4g　　新鮮迷迭香 3g
鹽 2g　　橄欖油 20cc
白砂糖 8g

做法

混合成麵團

1. 把所有的乾粉料過篩,加入鹽、白砂糖。

2. 放入切碎的新鮮迷迭香。

3. 把乾酵母粉放入水裡溶解成酵母水,再倒入粉料中。

4. 將麵粉稍稍混合成不黏手的麵團。

5. 再加入橄欖油,把麵團再揉合成團。

6. 揉壓麵團,讓麵團搓揉成光滑的麵團,並且拉起一小塊,用兩手撐開變成薄膜狀。

麵團休息、再整型

7. 在鋼盆中稍稍塗一些橄欖油,然後把麵團放進鋼盆中。

8. 在鋼盆上蓋擰乾的濕布,在室溫下第一次發酵 1 ～ 1.5 小時(確定麵團有膨脹兩倍大,如果發酵不足可以再放 30 分鐘)。

9. 在工作桌上撒上手粉,把麵團移出,把多餘的空氣壓除。

10. 再度揉合成一個圓的麵團,放置 10 分鐘,讓麵團休息一下。

11. 經過 10 分鐘後，先用手掌把麵團攤開，再用擀麵棍把麵團滾壓成四方扁形，厚度壓成 1.5cm。

12. 然後用手指在麵團表面向下壓出一洞一洞的凹痕。

13. 在麵團上刷上一層薄薄的橄欖油。

14. 再讓麵團休息 30 分鐘，烤箱預熱 190℃。

烘焙

15. 進烤箱前，麵團上再撒上一層新鮮迷迭香。

16. 進烤箱烤 30 分鐘，表面形成金黃色即可出爐。

Tips

- 在步驟 14 的時候，可以任意加上你喜好的配料，像是黑橄欖，或是洋蔥等。
- 麵團要擀薄一點，以免再次發酵的時候，厚度變成太厚。
- 在麵團表面塗抹的橄欖油，可以調成有口味的橄欖油，如先泡入壓碎的蒜頭或是新鮮的香料。

Naan
印度烤餅（饢）

是一種起源於波斯的發酵麵餅，中亞和南亞人的主食之一。具體的形狀因地域和民族習慣而會不同。有人把麵皮擀平，有人做成半球狀，也有直接用手拉拽成長片形。由於可以存放很長的時間不會壞，常被當成乾糧。

一般的印度烤餅是放在坦都烤爐內烤，在這裡教大家用家裡的烤箱也可以烤出一樣的效果。

準備

烤箱溫度
220℃

烘烤時間
13 分鐘

份量
8 人份

使用器具
鋼盆
量杯
過篩器
矽膠刮刀
烤盤
矽膠烤墊
刷子

材料

速發乾酵母粉 2g	鹽 2g
溫水 150cc	沙拉油 5cc
白砂糖 2g	優格 10g
中筋麵粉 200g	溶化無鹽奶油 50g
泡打粉 1g	

做法

混合成麵團

1. 將乾酵母粉和溫水混合，讓酵母活化。
2. 把過篩的麵粉置入鋼盆。
3. 加入過篩後的白砂糖、鹽，然後加入泡打粉。
4. 倒入酵母水，然後開始揉合成麵團狀。記得不要一次把水加完，調整麵團成為不黏手的狀態就可以了。
5. 加入沙拉油和優格後，再揉合麵團。

麵團休息、整型

6. 蓋上濕布，讓麵團在約 30℃ 溫度下發酵 90 分鐘，讓麵團發成兩倍大。

7. 手指壓下去不會回覆的狀態即可。

8. 把麵團分割成每一個 50g 大小的麵團，擀壓成長形圓餅狀。

烘焙

9. 烤箱預熱 220℃，把烤餅放在烤箱最底層烤 10 分鐘。

10. 取出烤盤，在兩面餅皮上都刷上溶化無鹽奶油，再放回去烤 3 分鐘即可。

 Tips

如果喜愛淺烘的口感，可以把麵皮擀得更薄。進烤箱的時間可減為 8 分鐘＋2 分鐘。除了奶油口味外，還可以撒上芝麻、蒜油等，調製成不同的口味。

Pita 希臘口袋餅

　　世界各地以麵包為主食的民族，幾乎都有扁形的傳統麵包，因為在還沒有烤箱的年代，或居無定所的遊牧民族，要把厚厚大大的麵團烤熟不容易，捏成薄薄扁扁的比較方便，只要往燒熱的石頭或鐵鐺上一貼就可以烤透。

　　Pita，就是中東、希臘地區傳統的扁形麵包。它的特色是一烤就會膨脹得非常可愛，中間是空的，切成兩半就像口袋，可以裝任何自己喜歡吃的餡料，變成三明治料理。

　　一般麵團受熱都會平均的膨脹，但扁形的麵團卻容易脹成中空狀，這是為什麼呢？原理是在烘焙過程中，一般麵團的外層會先凝固，膨脹的氣體因為沒有辦法把凝固的組織撐開，就會竄到麵團裡面較軟的組織內，在麵團裡面活動。但是扁形的麵團，上下外層都烤硬後，中間沒什麼軟的組織，所以就把麵團給撐開，變成一個撐大的氣球。

 準備

烤箱溫度
220℃

烘烤時間
烤盤 5 分鐘
麵皮 8 分鐘

份量
8 片

使用器具
過篩器
鋼盆
保鮮膜
濕布
刮板
擀麵棍
烤盤

 **材料**

高筋麵粉 250g	速發乾酵母粉 6g
全麥麵粉 50g	水 200g
白砂糖 8g	橄欖油 10g
鹽 pich	

做法

混合成麵團

1. 所有的乾粉料過篩。

2. 再把白砂糖、鹽、速發乾酵母粉加入，攪拌均勻。

3. 加入水、橄欖油，再用力揉大約 5 分鐘，成為均勻但不黏手的麵團，這個麵團不用過度的攪勻，不要求薄膜程度。

麵團休息、再整型

4. 把揉好的麵團滾圓，然後罩上保鮮膜和濕布，放在溫暖處基本發酵 40 分鐘，如果發酵不佳就延長發酵時間。

5. 把麵團移至撒上手粉的工作桌，先把多餘的空氣排出，然後把麵團平均分成 8 等份（1 份大約 60g）。

6. 把麵團滾圓，再讓麵團休息 15 分鐘。

7. 把麵團擀成直徑 6 吋，厚度約 0.4 cm 的圓薄餅。

烘焙

8. 排在烤盤墊上，放在溫暖處最後發酵 30 分鐘。

9. 烤箱預熱 220℃，把另一個的烤盤也放進去烤熱 5 分鐘。

10. 把烤盤取出，再把擀平的麵皮換到烤熱的烤盤上，進烤箱烤 6 分鐘。

11. 取出後放涼，即可切半包餡。

5

6

7

10

Tips

- 要把 Pita 做好有兩個重點，一是要把麵團擀得薄，二是用高溫烤焙，盡快讓外層凝固。
- 烤箱記得要預熱，可以讓家中的烤箱先預熱 10 分鐘。
- 把烤盤預熱，讓 Pita 一開始烤就接觸熱燙的烤盤，模仿古人把餅貼在燙石頭上的烤法，這也可以大幅提高成功的機率。

Blueberry Bagel

藍莓貝果

貝果是由東歐波蘭裔的猶太人發明的，並且把它帶到北美洲。最初貝果只是一團圓形的麵包，但為了方便攜帶才做成中間空心的形狀。由於這種形狀像馬鐙，因此被取名為有馬鐙意思的"貝果"。近代不斷的改變配方，才有今日那麼多的變化！儘管它再怎麼變，始終都和猶太人有緊密的關係，到現在猶太人的宗教儀式中還是少不了貝果！

 準備

烤箱溫度
210℃

烘烤時間
20 分鐘

份量
6 個

使用器具
過篩器
量杯
深四方容器
刮板
烤盤
矽膠烤墊
湯鍋
撈網
擀麵棍

 材料

高筋麵粉 400g
速發乾酵母粉 4g
白砂糖 80g
鹽 5g
水 170g
無鹽奶油 30g（室溫）

藍莓果醬 45g
藍莓乾 30g

糖水
水 1000cc
白砂糖 50g

做法

混合成麵團

1. 把所有的乾粉料過篩，然後築成粉牆。
2. 加入水（不要一次下，因為天氣不同會影響麵團濕度），把麵團揉合。
3. 把麵團壓扁，然後加入軟化後無鹽奶油揉合到完全融入麵團。
4. 加入藍莓果醬和藍莓乾，再繼續搓揉。
5. 把麵團混拌成一個拉得起薄膜的狀態。
6. 把麵團收乾淨。

麵團休息和切割

7. 把麵團放置在鋼盆裡，再蓋上保鮮膜和濕布，讓麵團休息，發酵 20 分鐘，讓麵團發成兩倍大。

8. 再把發酵的麵團稍稍輕壓。

9. 再用塑膠刮板切割成六等份，滾圓、收口至底下，再休息 10 分鐘。

揉捏整型

10. 把小圓麵團再壓開，把麵團用兩手掌壓住向外拉直麵團成長條狀。

11. 長條麵團的底端用擀麵棍垂直向下壓成一個直徑 2cm 的扁平圓形狀。

12. 壓扁的麵皮包覆另一端，然後捏緊，形成一個圈狀。

13. 把整型好的麵團放入烤盤中，再休息 30 分鐘。

14. 把烤箱預熱到 210℃。

煮糖水

15. 把糖水的材料放到鍋中，到煮沸為止。

16. 把圈狀的貝果放置到糖水中，一面煮 30 秒後，再翻面煮 30 秒。

烘焙

17. 把輕煮過的貝果放置在烤盤上，進烤箱烤 20 分鐘，表面呈現金黃色即可。

據說當初發明這個麵包捲,是麵包師傅為了把麵包塞進蛋糕模子裡節省空間而想出來的。後來也有人用圓形烤盤,烤出一朵花的造型。

這個麵包在十八世紀時就在英國流傳開來。看似簡單地以甜酵母麵團去包乾果製作而成,就是因為簡單易做,所以流傳了那麼久!在英國的咖啡廳裡都可以看見這種麵包做為下午茶的茶點。

 準備

烤箱溫度
190℃

烘烤時間
25 分鐘

份量
6 人份

使用模具
6 吋可脫式烤模

使用器具
鋼盆
保鮮膜/濕布
擀麵棍
刷子
主廚刀

 **材料**

麵團
高筋麵粉 500g
鹽 0.5g
速發乾酵母粉 10g
牛奶 300g
無鹽奶油 40g(室溫)
蛋 1 顆
植物油 少許
(塗抹模具用)

內餡
無鹽奶油 25g
二砂糖 30g
肉桂粉 0.5g
混合果乾 150g

上亮
牛奶 50cc
白砂糖 10g

做法

混合成麵團

1. 把麵粉和鹽過篩放置到鋼盆裡，然後加入酵母粉。
2. 加入軟化的無鹽奶油。
3. 把牛奶和打散的蛋，加入麵粉中，然後揉合成一個柔軟的麵團。

麵團休息

4. 把麵團放置在鋼盆中，蓋上保鮮膜和濕布，在溫暖的地方發酵 1 小時，讓麵團膨脹成兩倍大，並且手指下壓不會回彈。
5. 將麵團移出到乾燥有手粉的工作台上，把麵團擀成 0.5cm 厚的長方形。

⮞ 揉捏混合

6. 攤平的麵團上塗上一層溶化的無鹽奶油。

7. 然後把二砂糖、肉桂粉均勻撒上。

8. 最後撒上混合乾果。

9. 把麵團捲起來,切成 4 公分寬度的圓柱形。

⮞ 烘焙

10. 烤盤塗上薄薄的植物油。

11. 把圓柱形的麵包捲翻 90 度,讓捲面向上,由中心向外排滿放入模內。

12. 蓋上濕毛巾，再讓麵包發酵 30 分鐘。

13. 烤箱預熱 190℃。

14. 把麵包放入烤箱烤 25 分鐘。

準備上亮的材料

15. 把牛奶加熱，然後加入白砂糖，讓牛奶在鍋上小火滾上約 2 分鐘。

16. 把麵包捲由烤箱拿出，然後塗上熱牛奶，放在網架上放涼。

Tips

模具可以選擇方形、圓形，或是把麵團獨立一個一個側翻起來烤也可以！

Bath Bun
巴斯圓麵包

　　英國最優雅的城市可屬巴斯這個地方了！有到過巴斯的人，對於市區內最古老的房子（1482 年所建），也是最古老的餐廳（1680 年成立）──Sally Lunn's 一定不陌生。

　　Sally 在這家餐館裡製作了這個又甜又濃郁的圓麵包，她的手藝一直流傳到現在。如果白天去這家餐廳，還能參觀他們的廚房博物館，這裡標榜著 "You cannot visit Bath without experiencing the taste of the World Famous Sally Lunn Bath Bun"，也就是說，來這裡沒有嘗過世界有名的巴斯圓麵包（Bath Bun），就等於沒有來過巴斯這個城市。

　　關於 Sally Lunn 的名稱由來，多數的傳說是在 1680 年時，有一位從法國來的新教徒難民，跟著鄉親父老逃到英國一個名叫巴斯的溫泉勝地，這位難民就是年少的姑娘 Sally，因為無以為繼，所以就租借當時人們不以為意的羅馬人遺留下來的古蹟破廚房，因為思鄉，所以每天定時烘烤出法國鄉下人常吃的奶油麵包（Brioche），並且搭配英式調和紅茶販售。後來名聲慢慢傳開來了，也吸引了很多名人到店裡，有的名人因為住宿在巴斯，常常慕名前來喝下午茶，如珍‧奧斯汀（Jane Austen）；有的名人因為喜歡旅行、吃吃喝喝找靈感，也到此一遊，他就是狄更斯。

　　這個圓麵包的起始至今還是個謎，因為沒有人知道 Sally Lunn 是何許人也。直到 1930 年，這個麵包食譜才被找出來，而這個食譜後來只傳給有這個餐廳產權的人，絕不准外洩。聽了這個故事，你是不是和我一樣很想馬上打包到巴斯的 Sally Lunn 餐廳坐下來，點個巴斯圓麵包配著英國紅茶，發呆一個下午。

 材料

基礎圓麵包麵團

高筋麵粉 250g

肉桂粉 1g

鹽 1g

白砂糖 30g

無鹽奶油 30g（室溫）

速發乾酵母粉 7g

牛奶 115ml（37℃）

蛋 1/2 個

巴斯圓麵包麵團

Bun 麵團 900g

葡萄乾 60g

檸檬皮 20g

柑橘皮 10g

二砂糖 100g

蛋 1 個

1

基礎圓麵包麵團
Bun Dough basic recipe

這個麵團就是 Bun 麵團,揉合發酵好就
可以拿來做各式的 Bun 烘焙品,是 Bun
烘焙品的基礎麵團。

準備

使用器具
鋼盆
保鮮膜
濕布

做法

混合成麵團

1. 把麵粉、肉桂粉和鹽過篩放置到鋼盆裡。
2. 加入軟化的無鹽奶油。
3. 加入白砂糖和乾酵母粉。
4. 把牛奶和打散的蛋加入麵粉中,然後揉合成一個柔軟的麵團。
5. 然後把麵團放置在鋼盆中,揉合成一個麵團,蓋上保鮮膜和濕布,在溫暖的
   地方發酵 1 小時,讓麵團膨脹成兩倍大,並且手指下壓不會回彈即可。

2 巴斯圓麵包 Bath Bun

 準備

 做法

烤箱溫度
200℃

烘烤時間
20 分鐘

份量
15 個

使用器具
擀麵棍
磨皮刀
刮板
刷子
烤盤
矽膠墊

揉捏混合

1. 把發酵成兩倍大的 Bun 麵團拿出鋼盆,放在有手粉的工作台上。
2. 用雙手壓出多餘的空氣,並且擀平。
3. 撒上葡萄乾和刮入檸檬皮、柑橘皮,再把麵團揉合在一起。

4. 把麵團分成 15 等份，把手掌心拱成蛋型放在麵團的上方，利用手指間和桌面的磨擦力把麵團滾圓，並把底部的開口收緊。揉成像小圓包的樣子，陳列於烤盤上。

麵團休息

5. 把麵團置於溫暖處，再讓麵團休息 15 分鐘。

烘焙

6. 烤箱預熱 200℃。
7. 用打散的蛋液輕刷麵團的表面，然後撒上二砂糖。
8. 進烤箱烤 20 分鐘即可取出。

 Tips

手粉大多使用不沾手的高筋麵粉。

Savarins 薩瓦林蛋糕

　　這是一種法式發酵蛋糕做法，介於麵包和蛋糕。在 1840 年的時候，巴黎的甜點師 Julien Brothers 依據 18 世紀波蘭 Baba 的配方，改變糖漿和模子，創造了這個介於蛋糕和麵包的新甜品。用這個命名是為了紀念法國著名的美食家作者 Jean Anthelme Brillat-Savarin（1755 ～ 1826）。 Savarin 和古老的 Baba 是很接近的，根據美國和歐洲藍帶學院的說法，兩者都是發酵蛋糕，但 Baba 要浸泡在加了萊姆酒（Rum）的糖漿裡；而 Savarins 則是在表面塗上加了香料的無酒糖漿，並且會配著打發的鮮奶油和水果一起吃。當然兩者之間的外形也是有差別，傳統巴巴 Baba 是小小的柱形；而 Savarins 是圈狀，並且在圈狀中間填上打發鮮奶油和乾果。

準備

烤箱溫度
220℃

烘烤時間
30 分鐘

使用模具
4 吋空心菊花模

份量
6 個

使用器具
過篩器
鍋盆
矽膠刮刀
烤盤
擠花袋
平口擠花嘴 1.5cm

材料

高筋麵粉 250g
鹽 2.5g
速發乾酵母粉 5g
牛奶 50cc（37℃）
白砂糖 10g

蛋 4 顆
檸檬皮 1 ／ 2
無鹽奶油 125g
（室溫）

做法

■ **混合成麵團**

1. 麵粉、乾酵母粉、鹽和白砂糖過篩，放置於鋼盆中。
2. 加入磨好的檸檬皮。
3. 再加入牛奶和蛋液混和均勻。
4. 然後揉合出一個柔軟的麵團。

■ **麵團休息**

5. 把麵團覆蓋保鮮膜和濕布，置於溫暖處發酵 30 分鐘。

6. 然後加入軟化的無鹽奶油，融合在一起。

7. 用 1.5cm 平口擠花嘴把麵團擠到模具中，然後讓麵團再發酵 40 分鐘。

烘焙

8. 烤箱預熱 220 ℃，把模具放入烤 30 分鐘。

9. 取出後，待稍涼後，塗上加熱的杏桃醬。

 Tips

這裡使用的模具並不是正統的 Savarins 模具。原本是較淺甜甜圈狀的模具，如果你想回歸到傳統，建議可以去買正統的 Savarins 模具來烤這個蛋糕！

Chapter 2

Sponges & Cakes

蛋糕麵糊

　　西方使用 Cake 這個稱呼時，大多指的是較濃厚的蛋糕體，而不是我們常吃到的海綿蛋糕（Sponge）。蛋糕給人的基本印象就是甜和濃郁，蛋糕的製作基礎就是很簡單的麵粉、蛋、糖和一些油脂所組成的，口感細緻入口即化。你可以加足糖分，做成單純的甜蛋糕；或是把糖分減少，做成蛋糕基底，然後在基底上面加上巧克力、卡士達、鮮奶油或果醬，變化成各種造型及口味的節慶蛋糕。

　　蛋糕的結構，主要是麵粉中的澱粉和蛋類中的蛋白質組合而成的，將它們一起打發時，會注入空氣，這時所產生的氣泡可以把麵糊變成細碎的狀態，讓蛋糕的質地柔軟而且入口即化；而加入糖和油脂，則可以妨礙麵團筋性的形成及蛋白質的凝結，同時也會破壞糊化所形成的網狀結構，讓蛋糕順利的膨脹起來。但要注意的是，不要加入過量的糖和油脂，會減弱結構，這樣蛋糕就會崩塌。

Sponges
& Cakes

蛋糕麵糊分類

蛋糕麵糊的區別，主要是因為攪拌方式及材料比例的不同。大略可以分成以下幾種：

第一類：濕軟乳沫類麵糊（Foam Type）

1. 海綿類麵糊（Sponge）

2. 蛋白類麵糊（Meringue）

第二類：不打發的稀麵糊 （Pancake & Crepes）

第三類：濃厚奶油麵糊（Sponge Batters）

1. 奶油麵糊（Batter Cake）

2. 速發濃麵糊（Quick Cakes Paste）

蛋糕的體積與組織是依麵糊攪拌時打入空氣的量來決定。打入空氣的量多，體積就大。但也不是打入的空氣越多越好，打入的空氣太多，蛋糕就會粗糙；打入的空氣太少，蛋糕就會過於緊實。每一種蛋糕必須依設計配方與口感的要求而調整攪打方式。一般來說，蛋糕所需要的發泡狀況，要靠目視來判斷麵糊打到六分發、八分發、溼性發泡或是乾性發泡。嚴謹一點的來判斷蛋糕發泡狀況，就是看 "麵糊的比重"。所謂麵糊比重，就是麵糊的重量與體積比。如果麵糊打得較發，體積較大，則比重值較小，蛋糕就會粗糙；反之則比重值較大，蛋糕就會過於緊實。所以可以透過量測麵糊比重值來知道麵糊的組織與發泡狀況。

當然用比重數值只是參考標準，蛋糕好不好吃看個人喜好而有所不同。在家做蛋糕和商業化的要求不同，當你找到自己喜歡的蛋糕口感時，可以用目測或手感當成製作標準，數據是否精準就不是那麼重要了。

⏱ 蛋糕麵糊的烘焙過程

　　蛋糕的烘焙過程可分成三個：膨脹、定型和褐變。當麵糊送入烤箱後，受到熱力的擠壓，麵糊就會膨脹到最大，這時候蛋糕表面產生薄膜封住了蛋糕體。也就是說溫度上升至 60℃ 時，薄膜把麵糊中的水分變成蒸氣封在內部，使蛋糕體充滿了氣穴，然後麵糊會變得更膨大。

　　烘焙的第二階段，溫度更高了，蛋裡面的蛋白質凝固成型，澱粉開始吸收水分而產生糊化的作用，受高溫烘烤的麵糊會在這個階段固定成型。要特別注意的是，糖分會阻斷蛋白質的凝固，如果糖分較高的麵糊就需要調高溫度至 100℃以上，這樣澱粉才會糊化，然後固化定型。

　　最後階段，蛋糕表面已經乾燥了，慢慢的就開始產生褐變上色的作用。這時，蛋糕體會縮小，多餘的水分也會排除，只要中心點熟了，蛋糕也就烘焙完成了。

📋 各類蛋糕麵糊的烘烤溫度參考表

乳沫類蛋糕／輕奶油蛋糕	190 ~ 220℃
戚風蛋糕／重奶油蛋糕	170 ~ 190℃
水果和大型蛋糕	160 ~ 170℃
平烤盤類	上火 175 ~ 180℃，下火 160℃
450g 以上的麵糊類	上大火下小火，180℃

蛋糕的保存方法

海綿蛋糕（Sponge）　——未加料　　→　冷凍 1 個月

海綿蛋糕（Sponge）　——加料　　→　冷藏最多 2 天

瑞士捲（Swiss Roll）　——加鮮奶油　→　冷藏最多 2 天

瑞士捲（Swiss Roll）　——加果醬　→　乾燥陰涼處 2 天

濃厚型蛋糕（Batter Cake）　　　　→　乾燥陰涼處 3 ～ 5 天，冷凍 2 個月

Foam Type

第一類 ｜ 濕軟乳沫類蛋糕麵糊

這一類的麵糊是利用雞蛋中強韌和變性的蛋白質，使蛋糕膨大，不需依賴泡打粉。原料有蛋、麵粉、糖、少量的牛奶或水和液態油脂做為蛋糕的組織。主要原料為雞蛋，利用雞蛋中的強韌性和蛋白質的變性，在攪拌過程中，注入適量的空氣，再加入其餘材料拌勻，不需依靠發粉（即泡打粉）的使用，經烤焙即可膨大。

它和濃厚重奶油類麵糊最大的差別，就是配方中不使用固體油脂（固體奶油或油酥類）。但為了減低蛋糕完成後過於強韌的口感，製作海綿蛋糕時可酌量添加液態油脂。

濕軟乳沫類蛋糕麵糊，又分成海綿類（Sponge）和蛋白類（Meringue）的蛋糕基底。

種類	膨脹原料	麵糊特性	代表蛋糕
海綿類	全蛋——以打發全蛋或蛋黃和打發蛋白的混合做為基底	成品內部呈鵝黃色手感似海棉	海綿蛋糕
蛋白類	蛋白——以打發蛋白，做為蛋糕基礎結構	成品內部呈白色口味也較為清爽	天使蛋糕

海綿類蛋糕麵糊 Sponge

 攪拌方法：蛋液打發切拌法

主角材料：蛋

使用麵粉：低筋麵粉

海綿蛋糕麵糊基本材料與比例

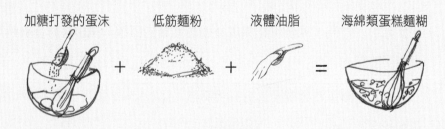

加糖打發的蛋沫　　　低筋麵粉　　　液體油脂　　　海綿類蛋糕麵糊

最重麵糊　　蛋　：　糖　：　麵粉　＝　1：1：1

最輕麵糊　　蛋　：　糖　：　麵粉　＝　2：1：1

一、配方比例的調整

　　不管分蛋或是全蛋的打法，海綿蛋糕基本配方比例就是以全蛋：糖：麵粉＝1：1：1為基礎，然後用調整比例或是加入其它介質的的方式，把麵糊調整成自已喜愛的口感。變化比例的方式，最好是在以上公式的基礎上，以全蛋比例為主，再變化糖和麵粉來調整麵糊。

　　糖和麵粉也建議以相同比例來變化，以免完成品失衡。如果糖和麵粉的比例減少，就會得到更輕更鬆軟的蛋糕，相反的，內部的海綿體紋理也會比較粗糙，吃起來口感較乾，彈力也較弱。

"全蛋"打發麵糊基本材料與製程

把全蛋加入糖一起打發，再加入低筋麵粉和液態油脂混合。

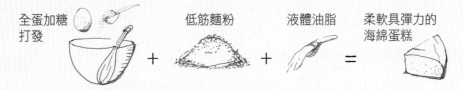

全蛋加糖打發 ＋ 低筋麵粉 ＋ 液體油脂 ＝ 柔軟具彈力的海綿蛋糕

"分蛋"打發麵糊基本材料和製程

把蛋白、蛋黃分開。利用蛋白的發泡性，再和蛋黃的混合原料混合。

[蛋黃＋砂糖 ＋ 低筋麵粉]（打發至稍白） ＋ 堅實打發的蛋白 ＋ 液體油脂 ＝ 較為乾鬆口感的海綿蛋糕

這兩種的打發方法，烤出來的海綿蛋糕質感不太相同。

分蛋打法的海綿蛋糕麵糊，是以打發的蛋白為基礎，蛋白中加入白砂糖，最後可以得到堅實的蛋白乳沫泡。

蛋黃和麵粉切拌後，再加入打發的蛋白糖霜，會變成一個比全蛋打發法流動性低的麵糊。因為較不容易形成麩素，麵糊連結性較差，所以烤出來的蛋糕口感較鬆散。

但是全蛋打發時，蛋黃的天然油脂會抑制蛋白的發泡，反而升高蛋的溫度，減低表面張力，讓全蛋更容易打發。

蛋白溫度愈低，愈能打出細緻堅實的氣泡。

Sponges
& Cakes

⏱ 操作技巧

打發蛋液（Whisking Egg）

將蛋打發成乳沫狀，再加入麵糊中，烤出來的蛋糕體也比較細緻。而且製作麵糊的後半段再加入麵粉和油脂，小氣泡的蛋白乳沫比較不會被破壞，可以保持住麵糊的體積。烘烤的時候，如果大氣泡愈多，會把小氣泡吸收過來而變成更大的氣泡，讓蛋糕體形成很多的孔洞。

另外，全蛋打發的麵糊，比分蛋打發的麵糊流動性更大，較為柔軟。

加入麵粉的切拌（Fold The Flour）

在加入麵粉時，有兩個很重要的要點：

1. 麵粉一定要先過篩（Sift the Flour）：

　沒有過篩的麵粉會產生結塊，容易阻礙混拌的均勻度，而且蛋液乳沫包住結塊的麵粉，就不易在混拌過程中打散，因此烤好的蛋糕體裡就會看見無法溶解的生麵粉粒。

2. 切拌（Fold）：

　不要過度的攪拌，最好使用橡皮刮杓，以切拌的方式讓麵粉拌混入打發的蛋液中，如果過度攪拌，會破壞了蛋液的氣泡，而讓蛋糕膨脹的狀況變差。"混拌到看不到麵粉"是一個混拌完成的判斷指標。在看不到麵粉的階段時，再多混拌幾下才會恰到好處。混拌緞帶流到底部後有折疊狀時，就是最好的麵糊。

蛋白類蛋糕麵糊 Meringue

　這種蛋糕麵糊裡，因為不含蛋黃，是純蛋白製作而成，口感上是非常輕盈的，有些技巧要注意：

1. 蛋白溫度愈低，愈能打出細緻堅實的氣泡。

2. 要先把蛋白打散。先打斷蛋白中濃厚蛋白和水性蛋白的連結，否則水性蛋白會先打發，就會造成濃厚蛋白打發不勻。

3. 白砂糖要記得分次加入。白砂糖會吸收蛋白中的水分，讓氣泡不容易被破壞，同時也會抑制蛋白中蛋白質的空氣變性，讓蛋白不容易被打發。如果在第一次就加入全部的糖，蛋的打發程度就會受限了！

第一階段：不加糖。在蛋白中打入大量的空氣，形成大氣泡。

第二階段：加第 1 次糖。產生新的小氣泡。

第三階段：加第 2、 3 次糖。大氣泡分化成小氣泡，形成均勻細緻的打發蛋白。

Sponges
& Cakes

材料使用秘訣

麵粉（Flour）

蛋糕的組織及結構體主要是以麵粉的筋性撐起，一般都採用低筋麵粉，才能製作出易碎、柔軟、有彈性的蛋糕體。如果手邊沒有低筋麵粉，可以用中筋麵粉加玉米粉去調整。

麵粉還有有糊化的作用。它能吸收大部分的水分而變成糊化狀態，並且愈來愈膨脹，又同時柔軟的支撐著蛋糕體，有點像是蓋房子時使用的水泥。

糖（Sugar）

糖的甜味，可以調整蛋糕的甜度；糖的吸濕性，可以讓蛋糕的水分不會一下就流失，保持濕軟度；糖也可以幫助減緩澱粉的老化，延長蛋糕的生命期限。雖然減少糖量比較健康，但是比較無法得到一個膨鬆的蛋糕體，也容易減少濕潤度。

油脂（Fat）

油脂，可以潤滑麵糊，讓烘焙出來的蛋糕柔軟好入口。固體油脂，能融合大量空氣，幫助麵糊可以順利的膨脹起來。所以濃厚麵糊類蛋糕所加入的蛋是不打發的，而是利用打發奶油的方式注入空氣，讓蛋糕可以膨脹，所以選用熔點 38 ～ 42℃ 的固體油脂（無鹽奶油）比較適合；乳沫類蛋糕，則選用沙拉油為宜，兩者最大的不同處就在於油脂狀態。

蛋（Egg）

蛋，除了提供蛋糕色、香、味、膨大體積及營養之外，最重要的就是連結麵糊，並且讓麵糊保持彈性，讓烤好的蛋糕體不會萎縮，就像房子結構中的柱子。

使用蛋時要把冰箱的蛋放置在室溫下回溫,或在打發蛋的初期,用隔水加熱的方式稍稍把蛋加熱。因為加熱後的蛋,打發蛋白或全蛋時,泡沫可以更穩定輕盈,加入其它材料後,膨脹的蛋乳沫也較不會崩壞。愈綿密的泡沫可以烤出愈柔軟的蛋糕體。

乳化劑(SP)

大量的全蛋麵糊要拌入油脂是比較困難的,而且攪拌不勻的話,油脂會使麵糊消泡而讓整個蛋糕烘烤失敗,而且不加油脂或乳化劑的蛋糕,質地難免會乾澀粗鬆。

SP 是乳化劑,可幫助油脂融入麵糊中而不使麵糊消泡,也可延長麵糊的放置時間,這對於製作全蛋海綿蛋糕最有幫助,所以現在蛋糕店製作全蛋海綿蛋糕幾乎都會添加乳化劑和更多量的油脂,就連推車賣的雞蛋糕也都添加了乳化劑和油脂。

塔塔粉(Cream of Tartar)

很多的烘焙糖果的配方都會有"塔塔粉"這一項無害的添加物,主要功能是做為"酸性劑"。其實塔塔粉是葡萄酒桶裡自然產生的弱酸性結晶,來自葡萄裡的酒石酸(Tartaric Acid),在釀造葡萄酒時,酒石酸會和其它物質半中和成酸性鹽類,這就是塔塔粉。塔塔粉的功用如下:

1. 在打發蛋白時加入,用來平衡蛋白的鹼性,讓泡沫潔白穩定,體積較大。

2. 可以和鹼性的小蘇打調配製成泡打粉(發粉)。

3. 做糖果或翻糖時加入,以防止蔗糖反砂結晶。

4. 塔塔粉的酸性可使蔗糖轉化,讓蔗糖變成轉化糖漿。

5. 可以使烘焙品的成果顏色較白。

天使蛋糕只用了蛋白,如果不加入塔塔粉,會因為它的蛋白用量太高,又沒有蛋黃和任何油脂,不但不易打發,也會讓成品是偏黃色。其它的蛋糕,即使不加塔塔粉的影響也都在可接受的範圍裡。如果不想加塔塔粉,可以加入 3 倍的檸檬汁來增加風味。

Sponge Cake 草莓海綿蛋糕

全蛋法麵糊

草莓海綿蛋糕,是全蛋打發的基本海綿蛋糕。蛋糕在英國稱 Cake,法國叫 Gateau,而德國、奧地利等國叫 Torte,其實說得都是蛋糕。蛋糕來自以前的婚禮甜品,在婚禮的時候都要做一個特別的蛋糕,然後新娘新郎一起吃。來參加婚禮的客人為了表達祝福,會把蛋糕放在新娘的頭上切開,並且一起分享新人的喜氣。

但是最早的蛋糕只是把牛奶和麵粉揉在一起,做成扁圓形狀,就像麵包一樣。所以蛋糕的烘焙起點也是用麵包的基本開始的,所以各式烘焙品的相似性也就不用大驚小怪的了!另外,全世界唱的生日快樂歌 "祝你生日快樂(HAPPY BIRTHDAY TO YOU)",是 1893 年來自美國肯塔基州從事教育的希爾姊妹(Patty Smith Hill 和 Mildred Hill),為了課堂上的問候而創作的。原來這首歌的歌名是 "祝你早安",是課堂開始時相互問候的歌曲。

準備

烤箱溫度
180℃

烘烤時間
25 分鐘

使用模具
8 吋可脫底圓模

份量
8 人份

使用器具
刷子
過篩器
手持電動打蛋器
矽膠刮刀
鋼盆
烤盤
篩網

 材料

蛋 150g
白砂糖 90g
低筋麵粉 90g
新鮮草莓 8 ～ 10 顆
鮮奶油 少許
無鹽奶油 10g
（塗蛋糕模，室溫）
無鹽奶油 30g
（融化）
糖粉 少許

Tips

- 在加入麵粉和油脂的時候，避免過度攪打麵糊或用打蛋器快速攪拌麵糊，這種混合方式會讓好不容易攪打起來的氣泡全部都消掉。沒有氣泡的麵糊，就無法有膨鬆感。
- 如果蛋不易打發，可以在一開始的時候，用隔水加熱的方式先把蛋打發。

 做法

1. 先把 30g 無鹽奶油隔水加熱，融化成一般液狀油脂。
2. 把麵粉過篩。
3. 把模具上一層軟化的無鹽奶油，再上薄薄一層手粉，把多餘的粉去除。
4. 烤箱預熱 180℃。

打發全蛋

5. 全蛋打入鍋盆中，然後打發至軟性發泡（Soft Pick）。
6. 白砂糖分兩次加入，同一方向攪打蛋液，一直打到濃稠狀。把所有的糖加入，打發到硬性發泡（Full Pick）。

混合成麵團

7. 加入過篩過的麵粉。

8. 用橡膠刮刀以切拌的方式，把麵粉均勻混合到麵糊裡，一直到看不見麵粉為止。

9. 再用矽膠刮刀，把融化無鹽奶油切拌混合到麵糊裡，一直到無鹽奶油液狀線（像是流動的緞帶）看不見為止。

10. 把麵糊由中心點倒入模具中，讓麵糊自然的攤開。

11. 用手壓住模具外圍，模具向下敲打數次，把麵糊中的氣體排出。

烘焙

12. 平整麵糊表面後，放入烤箱烤 25 分鐘。

13. 當麵糊膨脹後，用竹籤插入，麵糊不沾即代表完成。

14. 把蛋糕體倒扣在蛋糕冷卻架上放涼。

15. 簡單的塗抹打發的鮮奶油在蛋糕體上。

16. 然後排上新鮮的草莓，最後撒上糖粉。

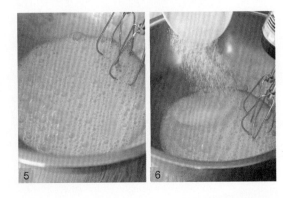

Taiwanese Sponge Cake

台灣傳統蛋糕 | 全蛋法麵糊 |

台灣傳統蛋糕在台灣又名"布丁蛋糕"，可不是因為裡面放了布丁或是吃起來口感像布丁，而是因為形狀像布丁才得名。傳統蛋糕打著古早味的名號在大街小巷販售，就是因為很多人記憶中的蛋糕味就是如此。入口的綿密如同咀嚼著慕斯一樣，這種形容一點也不為過！

市售的古早味蛋糕之所以有這樣的口感，就要說到秘密武器"SP"乳化劑。因為 SP 穩定了蛋糕的油水混合狀態，所以做古早味蛋糕時可以捨去繁複的海綿蛋糕的做法，把所有的材料均勻的結合在一起，烤出來的味道就是我們現在吃到的古早味！當然，我不是在提倡使用乳化劑，但在商業的做法上為了穩定品質及達到最好的效益，加入穩定劑變成是很必要的！如果你和我一樣在現實生活中喜歡自然的味道，那就當作一堂課試試 SP 的效力吧！

準備

烤箱溫度
180℃／165℃

烘烤時間
50 分鐘

使用模具
中空圓紙模
2 個
（15cm 圓徑
×9.5cm 高）

份量
8 人份

使用器具
鋼盆
桌上型打蛋器
（或電動手持
打蛋器）
矽膠刮刀
烤盤
刷子

材料

蛋 175g（3 個）
白砂糖 85g
牛奶 70g
鹽 1g
SP 9g
低筋麵粉 85g
香草精 2 drops
融化無鹽奶油 35g
杏桃果膠 適量
紅櫻桃、黑梅乾、
蜜核桃 各 10g

 做法 混合成麵糊

1. 先將烤箱預熱至 180℃，
   進烤箱前調降為 165℃。無
   鹽奶油先加熱融化。

2. 把蛋、白砂糖、牛奶、鹽、
   SP、麵粉、香草精都放入
   攪拌缸裡，以高速攪打到
   十分濃稠。

3. 打到濃稠的麵糊，就可以
   慢慢加入融化無鹽奶油，
   攪拌到均勻融合。

4. 用橡皮刀從鋼盆底部刮起檢查，確定融化無鹽奶油已完全融入麵糊中，再多攪拌幾次。

5. 把麵糊裝入（中洞烤模）紙模裡，拿起來輕敲幾下，把大氣泡震出。

6. 加入調味的蜜核桃、黑梅乾和乾的紅櫻桃，讓它自然的沈下去。

烘焙

7. 麵糊送入烤箱，烤 50 ～ 55 分鐘。

8. 等烤好的蛋糕完全放涼後，再把杏桃果膠加溫融化，刷在蛋糕表面上。

9. 再各黏上 3 個紅櫻桃、黑梅乾，並均勻放上蜜核桃做裝飾。

Tips

■ 這款蛋糕水分較多，所以要把材料全部融合在一起，需要打入大量的空氣，因此不太可能使用手打來完成，記得要使用電動打蛋器來幫忙。

■ 蛋如果是冰的，提早半天從冰箱取出，使其恢復常溫，或隔水加熱到常溫。

■ 測試蛋糕是否烤好，可以輕壓中間，沒有浮動感就算烤好，否則就要延長時間繼續烤。

Lemon Sponge Swiss Rolls

檸檬奶凍瑞士卷

分蛋法麵糊

瑞士卷（Swiss Roll），是一種夾了內餡的蛋糕捲。瑞士卷的由來，據說是來自中歐，但這可不是瑞士的特產。其實世界各國都有相似的蛋糕，叫法都不同，但原理都是由蛋糕體包覆著不同的內餡而製成。

法國耶誕節時，會以巧克力醬裹在外面，做成像樹幹的蛋糕卷叫做耶誕柴火（Bûche de Noël）。耶誕柴火 是一段硬木樹幹，當地人會在耶誕節前砍下，從夜裡燃燒到隔日，這是歐洲地區的傳統習俗。英國東北部也有這個習俗，因此也有耶誕柴火這一款蛋糕，他們稱為 Yule Log，Yule 的意思是耶誕節。

 準備

烤箱溫度
230℃

烘烤時間
20 分鐘

使用模具
烤盤（35cm×25cm×2cm）

份量
10 人份

使用器具 1.
（蛋糕底用）
鋼盆 3 個
手持電動攪打器
打蛋器
過篩器
矽膠墊

使用器具 2.
（做內餡用）
鋼盆 3 個
（泡吉利丁／攪和內餡／冰鎮用）
打蛋器
矽膠刮刀

使用器具 3.
（儲存／切割用）
烤盤紙
主廚刀

材料

白砂糖 ① 75g

蛋黃 6 個

白砂糖 ② 75g

蛋白 6 個

低筋麵粉 125g

檸檬奶凍內館材料

白酒 125g

白砂糖 110g

蛋 3 個

檸檬皮 1 個

檸檬汁 110g

吉利丁片 6 片

鮮奶油 375g

 做法

蛋糕底做法

1. 把蛋黃和白砂糖
   ①攪打到蛋黃翻
   白,並且呈現柔
   順狀。
2. 把蛋白和白砂糖
   ②攪打到硬性發
   泡為止。
3. 把打發的蛋白分 3
   次切翻到蛋黃中。

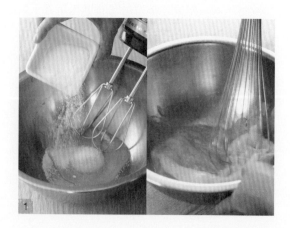

4. 把過篩的麵粉，切翻到打發的蛋泡中。

5. 翻攪到看不到麵粉後，就把蛋糕糊攤平在鋪好矽膠墊的深烤盤中。

6. 在 230℃ 的烤箱中烤 20 分鐘。

7. 烤好後取出，放涼備用。

檸檬奶凍內餡做法

8. 先把吉利丁泡在冷水裡。

9. 混合蛋黃、白酒、檸檬汁、檸檬皮和白砂糖,用隔水加熱的方式攪打到看不見白砂糖為止。

10. 把吉利丁吸到的多餘水分去除,然後把泡軟的吉利丁放入檸檬蛋黃汁裡。

11. 把吉利丁完全融解在蛋黃汁中。

12. 把鮮奶油打發成軟性發泡的程度。

13. 讓檸檬蛋黃醬隔冰冷卻。

14. 把打發的鮮奶油慢慢加入冷卻的檸檬蛋黃醬中，攪和成輕盈的奶凍。

▶ 最後完成做法

15. 把蛋糕上的矽膠墊移除。

16. 把蛋糕的邊修整好攤平。

17. 均勻的抹上薄薄的檸檬蛋黃醬。

18. 然後用烘焙紙協助，把蛋糕捲起，再用烘焙紙包住，冰在冰箱備用。

19. 要食用前，把蛋糕卷切成4cm 寬的柱狀。

 Tips

- 內餡口味可以自已喜好再做變化。
- 做好的蛋糕體部分，如果沒有用完，可切好密封冰在冷凍室，取出時噴點水，使其恢復彈性即可。
- 如果沒有矽膠墊，記得要裁剪比烤盤還稍大一點點的烤紙，墊在烤盤上，方便完整取下蛋糕。

14

17

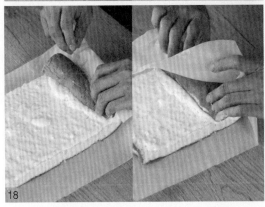

18

Chiffon Cake

戚風蛋糕　分蛋法麵糊

戚風蛋糕的材料比例是，麵粉：蛋：脂肪：
糖＝ 100：200：50：135。

　　這是利用蛋白霜的氣泡所製成的鬆軟麵
糊。因為沒有加奶油，而使用較輕的沙拉
油替代，而且水分也較多，因此口感十分
的濕潤。

　　據說這款蛋糕是一名美國廚師發明的，
除了使用海綿蛋糕所用的材料（包括：蛋、
麵粉、糖和少量的油）之外，他還格外加
入植物油和水，藉此增加了組織的濕度。
但也因為水分較多，蛋糕體不容易膨脹，
所以要加入烘焙發粉（Baking Powder）
幫助發泡。有趣的是，烘烤的時候，蛋糕
體也需要順著烤模壁往上爬升，不然蛋糕
會扁扁的！市面上的戚風蛋糕，大多用中
間有孔，尺寸較小、深度較高的模具，就
是要方便蛋糕糊黏附。

準備

烤箱溫度
170℃

烘烤時間
35 分鐘

使用模具
8 吋可脫底式
蛋糕烤模

份量
8 人份

使用器具
鋼盆 2 個
矽膠刮刀
打蛋器
過篩器

材料

蛋黃 60g
沙拉油 40cc
牛奶 80cc
香草籽 1/4 根
鹽 pinch
低筋麵粉 90g
蛋白 125g
白砂糖 70g
無鹽奶油 少許
（室溫）

 做法

混合成麵團

1. 把蛋糕模塗上無鹽奶油，並且再撒上薄薄一層手粉。
2. 將蛋白和蛋黃分置於不同鋼盆中。
3. 把麵粉過篩，並且烤箱預熱 170℃。
4. 把蛋黃先打勻，並慢慢的加入沙拉油，並且攪勻。
5. 再逐次的加入牛奶，充分的和蛋黃攪勻。
6. 加入鹽和香草籽，攪勻。
7. 最後把麵粉倒入，緩緩的攪拌均勻。
8. 確定麵糊呈現平滑柔順的狀態，完成蛋黃麵糊。

打蛋白霜

9. 先把蛋白緩緩打成軟性發泡。

10. 再分成 2 次加入白砂糖，把蛋白打成硬性發泡。

 Tips

戚風蛋糕製作要點

- 分蛋要小心，勿使蛋白沾到沙拉油、水或蛋黃。
- 白砂糖需分成兩份，一份在蛋白打至起泡時加入，一份加在蛋黃中。
- 加沙拉油及牛奶時，要一匙加入打勻，再加一匙。
- 麵粉篩入後，輕輕拌勻即可，不要攪拌太用力或太久。
- 蛋白一定要打到硬性發泡，否則蛋糕易塌陷。
- 將蛋白泡沫與蛋黃麵糊拌勻時，動作要輕且快，如果拌得太久或太用力，麵糊會漸漸變稀。入爐烘烤時，麵糊愈濃，蛋糕烤的就愈膨鬆不易塌陷。
- 初學者以活動烤模較好，因為戚風太鬆軟，用活動烤模可方便初學者取出蛋糕。
- 模型塗油後，一定要撒手粉，因為戚風的麵糊需藉助黏附在模型壁的力量往上膨脹。

再次混合麵糊

11. 把蛋白霜，分成 2 次加入蛋黃糊中，用切拌的方式，讓麵糊變成絲稠般的滑順。

12. 把麵糊倒入模型中，只需要倒八分滿。

13. 按著模型中央，在桌面上敲打，把多餘的空氣排出去。

烘焙

14. 把麵糊放進烤箱烤 35 分鐘。

15. 把烤好的蛋糕取出，倒扣放涼。

16. 約 30 分鐘待涼後，把蛋糕體取（先脫側體，再拿開底層模底）。

📎 Tips

戚風蛋糕常見的失敗原因

- 蛋白沾到油、水、蛋黃而無法打發。
- 蛋白若沒有打到硬性發泡，蛋糕在爐內烘烤時雖然膨脹得很高，但一出爐就會收縮塌陷。
- 蛋白打得太過會呈棉花狀，使得麵糊與蛋白泡沫無法拌勻，而且蛋糕烤出來會有白色蛋碎塊。
- 蛋黃和白砂糖、植物油、牛奶等攪拌不勻時，烤好的蛋糕底層會有油皮或濕麵糊沈澱。
- 泡打粉或塔塔粉受潮或保存期已過，會使得蛋糕的膨脹力不夠。
- 泡打粉未與麵粉過篩而直接加入麵糊中，則烤好的蛋糕表面會高低不平，一邊膨脹得多，一邊膨脹得少。
- 烤箱內溫度太高時，雖然未到烤焙時間，蛋糕已外焦內不熟。
- 烤箱內溫度太低時，雖然已到烤焙時間，但是蛋糕內部卻不熟、平坦且黏手，四周也會向內收縮，模型壁上仍有黏手的麵糊。

Angel Food Cake

天使蛋糕 ｜ 蛋白類蛋糕

天使蛋糕是由百分之一百的蛋白所製成，因為不含蛋黃，口感上是非常輕盈的。但是這個蛋糕的製作方法，如果不論沒有加入蛋黃這個部分，其實和海綿蛋糕沒有不同，只是海綿蛋糕多了蛋黃的香氣和油脂。兩者吃起來就像在吃雲朵一樣！天使蛋糕最大特色是 100% 打發蛋白。材料比例是麵粉：蛋白：脂肪：糖＝ 100：350：0：260。

準備

烤箱溫度
180℃

烘烤時間
35 分鐘

使用模具
中洞旋紋矽膠
蛋糕模
（30cm 圓徑）

份量
4 人份

使用器具
鋼盆
過篩器
打蛋器
矽膠刮刀
烤盤

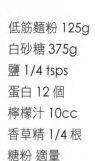

材料

低筋麵粉 125g
白砂糖 375g
鹽 1/4 tsps
蛋白 12 個
檸檬汁 10cc
香草精 1/4 根
糖粉 適量
植物油 少許
（塗烤模用）

做法

混合成麵團

1. 把烤箱預熱 180℃，蛋糕模稍稍上植物油。
2. 將麵粉和 185g 的白砂糖混合過篩備用。
3. 把蛋白、檸檬汁及鹽混合，打發到乾性發泡（Stiff Peak）。
4. 再把剩餘的白砂糖分次加入。
5. 再加入香草精，拌勻。

2

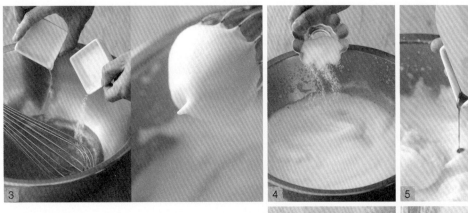

6. 最後把過篩的麵粉和白砂糖，
   也分次加入拌勻。

7. 把麵糊倒入蛋糕模中約八分滿。

烘焙

8. 送入烤箱烤 35 分鐘，烤到顏色
   上色並且中心熟了為止。

9. 把烤模由烤箱拿出，並且倒扣
   30 分鐘放涼為止，然後再脫模。

10. 最後在蛋糕上面撒上少許糖
    粉，也可以和新鮮水果和鮮奶
    油　起佐伴著吃。

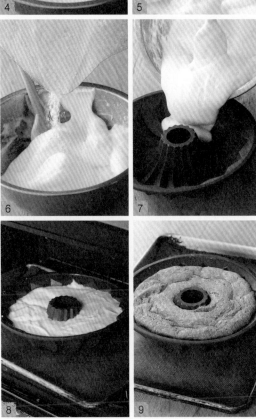

Tips

▪ 天使蛋糕，通常都是使用較高中洞的專用模，但是如果你和我一樣都
  沒有，一般的蛋糕模也可以。

▪ 這個配方中，我用檸檬汁替代了塔塔粉，所以不像市售的天使蛋糕般
  硬挺。如果你想要使用塔塔粉的話，請用 1 又 1/2 tsp 來替代檸檬汁。

Pancake & Crêpes

第二類 | 不打發的稀麵糊

你可知道鬆餅和可麗餅的不同嗎？ 你可以說，鬆餅用的蛋量只有可麗餅的一半； 那可麗餅和煎餅又有什麼不同呢？煎餅用的麵粉比較多，蛋較少。而可麗餅和海綿蛋糕麵糊的不同，就是海綿蛋糕不加牛奶，而且海綿蛋糕是打發了蛋而不是直接攪打散開。這些麵糊因為操作程序不同，操作技法不同，使用鍋具設備不同就會不一樣，而且更神奇的是，這些技法都是可以融會貫通的； 像是把煎餅的蛋白分離出來，先打發再和麵糊混合起來，就會變成較為膨脹而且體積較大的高鬆餅，所以不要被分類阻隔了你嘗試混合所有技法的好奇心！

稀麵糊就是不打發的液狀麵糊。把所有的材料都拌合在一起，下鍋煎熟即可食用，所以成品也不會有輕盈的口感，適用於成品厚度較薄的蛋糕類甜品，像是煎餅，不但方便、 簡單，口味變化也很多！ 這種只要用煎鍋就可以做出來的甜品，就是用基本的稀麵糊（ 牛奶、 麵粉、蛋、奶油或其它油脂）做成的，搭配季節性的甜鹹蔬果，就是早餐、早午餐、下午茶，以及是消夜的良友。

🥄 攪拌方法 ： 直接攪拌法

🥣 使用麵粉：低筋麵粉

🥄 主角材料：麵粉

液體：蛋 ：奶油 ：麵粉 ＝ 2：1：1/2：2 ＝煎餅

液體：蛋：麵粉：油脂 ＝ 1：1：1/2：1/4 ＝ 可麗餅（ 油脂可加可不加）

打發的稀麵糊基本材料與比例

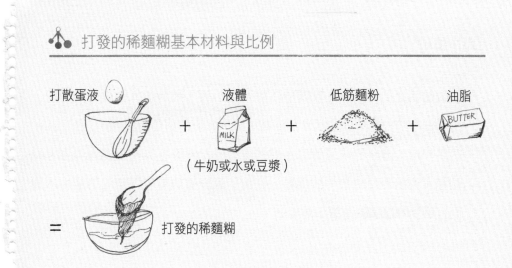

打散蛋液　＋　液體　＋　低筋麵粉　＋　油脂

（牛奶或水或豆漿）

＝ 打發的稀麵糊

Sponges
& Cakes

配方比例的調整

・ 可以把蛋液中的蛋黃與蛋白分開。蛋黃先和其它材料先攪和均勻，再加入打
發的蛋白，就會變成較為膨鬆的口感。

・ 可以改變蛋液中蛋黃和蛋白的比例，不一定要用到全蛋。可以多蛋黃少蛋白，
但是減少蛋白的狀況下，其它液體（牛奶、水或豆漿）就要增加分量。

・ 加入的液體可以用水、 高湯、牛奶、豆漿或是啤酒來替換。

・ 麵粉的部分可以用蕎麥麵粉調整。

⏱ 操作技巧

· 烹調麵糊之前,至少先讓麵糊休息半個小時。因為加入麵糊中的麵粉,會在這半個小時內充分吸收水分及油脂,讓煎出來的餅口感更好。

· 煎餅和法式薄餅的成品呈現平坦的蛋糕形;關鍵在於麵糊的均勻度。記得麵糊裡不要出現沒有散開的顆粒,完美的麵糊應該是可以均勻的穿在木匙上,而且麵糊的流速應該要不間斷的。

📐 材料使用秘訣

麵粉(Flour)

蛋糕的組織及結構體主要是以麵粉的筋性撐起,一般都採用低筋麵粉,才能製作出易碎、柔軟、有彈性的蛋糕體。如果手邊沒有低筋麵粉,可以用中筋麵粉加玉米粉去調整。

麵粉還有有糊化的作用。它能吸收大部分的水分而變成糊化狀態,並且愈來愈膨脹,又同時柔軟的支撐著蛋糕體,有點像是蓋房子時使用的水泥。

液體（水、牛奶 或是其它）（Liquid）

在這個麵糊中，液體主要是調整麵糊的濃厚度及提供味道，並且可以提供麵糊成品的濕度。

糖（Sugar）

糖的甜味，可以調整甜度；糖的吸濕性，可以讓水分不會立刻就流失，保持濕軟度；糖也可以幫助減緩澱粉的老化，延長蛋糕的生命期限。在這個麵糊中，你可以減少糖量，但成品會少了濕潤度。

油脂（Fat）

融化的奶油，可以潤滑麵糊，讓烘焙出來的蛋糕柔軟好入口。

蛋（Egg）

蛋，除了提供蛋糕色、香、味、膨大體積及營養之外，最重要的就是連結麵糊，並且讓麵糊保持彈性，讓烤好的蛋糕體不會萎縮，就像房子結構中的柱子。

Crêpes
可麗餅

可麗餅已經有一千年以上的歷史了，雖然原料只是簡單的麵粉、牛乳或水以及蛋，然後把調和成的麵糊倒入加熱的平底鍋上，攤平煎熟摺疊而成。因為麵皮很薄，所以質地很細緻。

我們可以將可麗餅的部分原料更改，牛乳可以用水或是啤酒取代，而小麥麵粉可以改成蕎麥麵粉。中間的餡料，也可以做成甜的或鹹的，所以變化性很多樣。

準備

份量
8 人份

使用器具
鋼盆
打蛋器
大湯匙
平底鍋

材料

低筋麵粉 125g
鹽 pinch
牛奶 250cc

蛋 1 顆
無鹽奶油 50g
（室溫）

 做法

1. 把蛋打散到鋼盆裡，加入牛奶。
2. 再加入鹽。
3. 然後把麵粉過篩，加入蛋糊中攪勻。
4. 把無鹽奶油融化，然後拌入麵糊中，把麵粉攪打開來，成為一個柔順的麵糊。
5. 把麵糊冰至冰箱至少 1 小時，休息一下。
6. 熱鍋，然後倒入麵糊，讓麵糊攤開，厚度要很薄很薄。
7. 下鍋 10 秒後，再把麵皮換面煎 10 秒即可起鍋。

 Tips

- 起鍋後的可麗餅可以佐果醬、奶油，趁熱的時候吃 ；也可以每一層疊上保鮮膜，再用密封盒封住保存，下次再回鍋煎熱。
- 在調和麵糊的時候，不要過度攪打造成麵筋成形。此外，打好的麵糊也需要靜置 1 小時，讓蛋白質和分解的澱粉吸飽水分，並且讓氣泡浮出散去，再下鍋煎出顏色均勻的麵皮。

Pancake
美式煎餅

有那一種甜點，只要一只平鍋就可以把稍
稍混合好的麵糊即時做好上桌？除了煎餅捨
我其誰！每一個迷人的城市都會有一間美味
的煎餅店，這是我在外留學時，和當地人博
感情之後最後的結論。通常到了一個新的城
市，大家不是帶你去最有特色的餐廳，就是
為我這個"華人"找到最美味的中國餐館，
可是最為大家讚賞的是深夜造訪的煎餅店！
也許因為當時還年輕，對於店面的裝修沒什
麼要求，但是我的老成的味蕾，總是躲不過
蛋奶糊煎過後飄散在空氣中的香氣——奶油
味加上濃厚的楓糖味。只是煎餅店都不會開
在一般的大街上，要有熟門熟路的朋友才會
領你到無人的巷徑內去品嘗。所以記得有機
會在西方國家一遊，找一個消夜時間，拜訪
當地的煎餅店，相信你一定會回味無窮！

 準備

份量
1 人份

使用器具
鋼盆
打蛋器
矽膠刮刀
大湯匙
平底鍋

 材料

蛋 120g　　　　泡打粉 1g
白砂糖 90g　　　牛奶 40cc
鹽 pinch　　　　融化無鹽奶油 15g
低筋麵粉 60g

 做法

1. 把蛋打入鋼盆稍稍打發。
2. 分次加入白砂糖和鹽，打成乳白濃
   稠狀。
3. 加入泡打粉和過篩的麵粉，用拌切
   的方式把麵糊拌到看不到麵粉為
   止。
4. 加入牛奶拌勻。
5. 再用隔水加熱的方式溶化無鹽奶
   油，把融化的奶油加入麵糊中，讓
   麵糊變成絲稠狀程度。
6. 讓麵糊休息 30 分鐘。

7. 熱鍋後,然後用湯匙倒入麵糊,讓麵糊在鍋子中間順流成一個大圓形。

8. 煎到表面有小泡泡出現,把餅換面,再煎 1 分鐘即可。

Tips

在使用麵糊之前,記得要讓麵糊休息一下,讓麵粉充分的吸收水分及油分。

Sponge Batters

第三類 │ 濃厚奶油麵糊

奶油麵糊（Batter Cake）

　　這款麵糊的製作，只要準備一只鋼盆，陸續的加入材料混拌大概就可以做出來，是較好操作的蛋糕麵糊，而且完成度也很高。只要照著基本操作手法，先把奶油打發，即可得到一個接近滿分的重奶油蛋糕。

　　這個藉由奶油打發（乳霜性）製作的蛋糕，是利用飽含空氣的奶油來讓麵糊膨脹，再以糖油拌合方式或是粉油拌合方式來製作麵糊。它和打發蛋來讓麵糊膨脹的海棉蛋糕有很大的不同。奶油麵糊在成品上會比較札實，並且具有很濃郁的奶油味。

　　大量的奶油油脂，可以讓奶油麵糊烤出來的成品口感很濕潤，而且厚重。

攪拌方法：直接攪拌法

主角材料：奶油

使用麵粉：低筋麵粉

奶油麵糊基本材料與比例
_____

奶油（半固態）　砂糖　　　低筋麵粉　　　　蛋

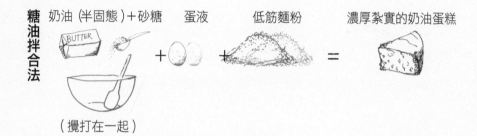

BUTTER ： 　 ： 　 ： 　 ＝ 1：1：1：1

🔲 奶油麵糊基本材料與製程
_____

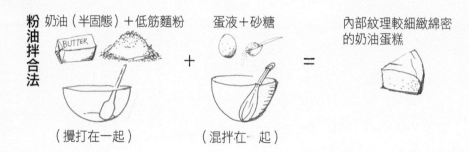

糖油拌合法　奶油（半固態）+砂糖　　蛋液　　　低筋麵粉　　　濃厚紮實的奶油蛋糕

（攪打在一起）

粉油拌合法　奶油（半固態）+低筋麵粉　　蛋液+砂糖　　　內部紋理較細緻綿密的奶油蛋糕

（攪打在一起）　　　　　（混拌在一起）

👐 **配方比例的調整**

　　除了全蛋的加入法，也可以試著把蛋白先打發，這樣的結果就會較會輕柔。拌

合法的不同，會得到不同的口感。

　　也可以試著維持蛋的比例，但減低奶油或砂糖和麵粉的比例來調整麵糊，但最低比例不要低於 60％。

Sponges
& Cakes

⏱ 操作技巧

拌合方法

糖油拌合法：拌合奶油和糖→加入蛋→加入麵粉

粉油拌合法：拌合奶油和麵粉→拌合蛋和砂糖→前兩者混拌一起

Sponges
& Cakes

材料使用秘訣

奶油（Butter）

　　奶油的溫度，要放置在室溫到手指剛剛好可以壓下去的硬度，過於柔軟或是已經融化的奶油，就不適用於這個麵糊。

　　奶油融化後，乳析性就會消失，就算用力的和砂糖一同攪打，空氣也很難進入，就算再冰回冰箱固形，也無法回復成原來的乳霜性。

　　奶油拌合攪打的程度，不管是和白砂糖或是麵粉，打到奶油由原來的黃色變成飽含空氣後的白色為止。

蛋（**Egg**）

加入蛋的階段就是所謂的乳化作用，把蛋液加入油脂當中混合，然後變成一個具有光澤的乳霜狀，只要這個乳化作用成功，麵糊就成功了2/3。

加入蛋液時，蛋的溫度要比奶油稍低一點，會不會有分離的現象，剛剛分離的時候，可以加入麵粉修復。

麵粉（**Flour**）

麵粉的加入後會慢慢的吸入水分，在持續攪拌的過程中會產生麩素，把分散的麵糊變成糊狀，一直混拌到看不到麵粉，麵糊出現光澤為止。

如果選擇粉油拌合法時，可以加多一點的麵粉會較適合。因為麵粉不像糖一樣有吸濕性，所以粉油拌合後會較濕，加多一點麵粉可以吸收水分，幫助形成麵糊。另外，也可以選擇加入含有較多蛋白質的高筋麵粉，因為蛋白質所產生的麩素，可以幫助麵糊固化和提供適當的彈力。但不建議加入太多，會影響蛋糕體的膨脹。

速發濃麵糊（Quick Cakes Paste）

是在濃重的麵糊裡，加入泡打粉或是小蘇打粉，使麵糊在烤的時候膨脹，再加入糖、蛋和脂肪而成。速發的濃麵糊，因為脂肪、糖和蛋的用量不像濃厚奶油麵糊那麼多，所以內部就不會像奶油麵糊烤出來那麼的柔軟、細緻。但是速發麵糊裡的泡打粉或是膨鬆劑，確實為這種蛋糕的形成節省了不少時間，省去了打發蛋的動作，利用膨鬆劑的效能，建立起這些快速又膨鬆的蛋糕。

攪拌方法：直接攪拌法

主角材料：泡打粉

使用麵粉：低筋麵粉

速發濃麵糊基本材料與比例

蛋糕麵糊　＋　膨鬆劑　＝　速發濃麵糊

Sponges
& Cakes

配方比例的調整

· 麵糊的比例，可以加入油脂來調整糖分，並以油脂加多少及是否要加入打發的蛋來調整。

· 因為有泡打粉幫助發酵，所以不用太擔心加入多少甜度，可以在麵糊中加入水果、果醬。

Sponges
& Cakes

操作技巧

· 泡打粉的用量以 110g 的麵粉 ＋ 5g 的泡打粉為最佳。

· 材料攪拌不要過度，不然形成筋性，成品會很硬。

材料使用秘訣

油脂（Fat）

油脂，可以潤滑麵糊，讓烘焙出來的蛋糕柔軟好入口。

蛋（Egg）

加入蛋的階段就是所謂的乳化作用，把蛋液加入油脂當中混合，然後變成一個具有光澤的乳霜狀。

麵粉（Flour）

麵粉加入後會慢慢的吸入水分，在持續攪拌的過程中會產生麩素，把分散的麵糊變成糊狀，一直混拌到看不到麵粉，麵糊出現光澤為止。

泡打粉（Baking Powder）

加入泡打粉的麵糊會因為加熱而膨脹，但是因為其中的鹼性碳酸鈉會讓成品略呈黃色，所以如果想要製造白色的成品就不適合加入。

一般市售的泡打粉為萬用持續型的，可以由低溫到高溫持續的產生二氧化碳而讓麵糊膨脹，所以很適合長時間烘烤的蛋糕。但是如果遇到"瑪德蓮"這種短時間烘烤、又一口氣膨脹而產生裂紋的麵糊，就比較適合遲效型的泡打粉。

Coulant au Chocolat

巧克力熔岩蛋糕

奶油麵糊〈糖油拌合法〉

又稱岩漿巧克力蛋糕（法語：Moelleux au Chocolate，意為"有嚼勁的巧克力"），在美國別名叫做小蛋糕。它是一道法式甜點（法語：Petit Gâteau），即外皮硬脆、內夾醇美熱巧克力漿的小型巧克力蛋糕，通常旁邊會附上一球香草冰淇淋。

據說這道甜點是在 90 年代一個廚師誤打誤撞發現的新做法（配方），本來只是要烤巧克力蛋糕，結果太早從烤箱拿出來，蛋糕中心還沒熟，將錯就錯的結果反而大受好評。現在紐約市各家餐館已發展出許多的口味，像是加入水果或威士忌等酒精飲料。

準備

烤箱溫度
200℃

烘烤時間
7 分鐘

使用模具
橢圓形蛋糕杯模
（8cm×5cm
×5cm）

份量
8 個

使用器具
刷子
鋼盆 3 個
隔水加熱湯鍋
矽膠刮板
打蛋器
篩網

 材料

無鹽奶油 200g（室溫）	蛋黃 4 個
	蛋 4 個
糖粉 200g	中筋麵粉 55g
苦甜巧克力 200g	巧克力粉 34g

做法

混合成麵糊

1. 把模具輕輕刷上半融的無鹽奶油，再撒上手粉。
2. 苦甜巧克力隔水加熱到融化。
3. 把放稍軟化的無鹽奶油，用矽膠刮刀壓開。
4. 加入糖粉，然後攪拌均勻。
5. 另一個鋼盆打入蛋和蛋黃，並攪打開來。
6. 把打到發的無鹽奶油，加入打散的蛋液中，一直到兩者混合均勻為止。

7. 加入融化的苦甜巧克力，變成一個亮面的巧克力糊。
8. 把麵粉和巧克力粉篩入，輕輕拌勻，完成巧克力糊。

烘焙

9. 把蛋糕糊填進烤模裡，大約八分滿。
10. 放入烤箱烤約 7 分鐘，見蛋糕裂開可以看到裡面還有糊狀即可。

Tips

- 注意不要烤太久或烤到全熟，會失去熔岩蛋糕的特色，而且又變回巧克力蛋糕。
- 這種蛋糕最好趁熱食用，也不宜放太多天，畢竟它沒有烤到熟透。

Fruits Pound Cake

重水果蛋糕 〔奶油麵糊〈糖油拌合法〉〕

磅蛋糕的由來最早起源於英國，它有另一個名字叫"重奶油蛋糕"。每個國家的磅蛋糕配方都不盡相同，有些會加上果仁，有些會加上其它香氣（像是香草精），或是加入泡打粉讓烘焙出來的蛋糕體密度較小。最近美國還流行加入酸奶，成為酸奶油磅蛋糕，但主要的四個成分是，麵粉、奶油、雞蛋和糖，各自占了1/4的份量。

這款蛋糕放得越久味道越香陳。歐洲人通常會在一周前就製作出來，保存到周末再與親朋好友一起享用，所以在法國又被稱為假期蛋糕。以下是各國的材料比例：

美國：各1磅（454g）的奶油、麵粉、蛋和糖。

英國：稱之為海綿蛋糕（Sponge Cake），是用各1/4等份的自發性奶油、麵粉、蛋和糖。

法國：稱這種蛋糕為"Quarte-quarte"，意思是4個1/4的奶油、麵粉、蛋和糖。有時候他們會用部分的打發蛋白來替代部分的全蛋，得到一個較為輕盈的蛋糕組織。

準備

烤箱溫度
180℃

烘烤時間
45分鐘

使用模具
造型矽膠模
（15cm×
8cm×6cm）

份量
3人份

使用器具
鋼盆
打蛋器
矽膠刮刀
篩網
濾網
烤盤

 材料

糖粉 250g
無鹽奶油 250g（室溫）
蛋 5 個（室溫）
鹽 pinch
低筋麵粉 325g
泡打粉 6g
綜合乾果 125g
杏仁 30g
萊姆酒 200cc（Rum）

 做法

▍混合成麵團

1. 烤箱預熱 180℃。
2. 把切碎的綜合乾果和杏仁泡在萊姆酒裡至少 2 小時。
3. 把蛋先打散備用。
4. 再將糖粉和無鹽奶油攪打均勻。
5. 將打散的蛋分成 3 次加入。

6. 慢慢的加入過篩過的麵粉、鹽和泡打粉，直到麵糊重新結合在一起呈現緞狀下垂麵糊。

7. 去除綜合乾果碗裡多餘的萊姆酒，然後加入麵糊裡攪勻。

烘焙

8. 把麵糊倒入準備好的模具裡。

9. 在桌面敲打 4 次，把多餘的空氣敲出。

10. 把烤模送入烤箱烤 45 分鐘。

11. 取出烤模，脫模放涼。

 Tips

因為蛋糕會持續膨脹，所以麵糊填入模具裡時，只要填到 7 分滿即可。

Black Tea Pound Cake

紅茶磅蛋糕 　奶油麵糊〈糖油拌合法〉

這是用打發蛋白加入麵糊的方式
做成的磅蛋糕。它的材料比例和原
始磅蛋糕不盡相同，但是，在比例
及做法上同樣屬於和磅蛋糕較為接
近的重奶油比例，所以還是稱它為
磅蛋糕。

把蛋白另外打發，就比較偏向法
式的做法，和原始磅蛋糕不同之處
在於打發的蛋白給這個厚重的蛋糕
加上了一些輕盈感，也算是把一般
海綿蛋糕的技巧交融在磅蛋糕裡。

準備

烤箱溫度
180℃

烘烤時間
30 分鐘

使用模具
六孔玫瑰造型
矽膠模（35cm
×28cm，玫瑰
8cm 圓徑）

份量
6 人份

使用器具
鋼盆
打蛋器
矽膠刮刀
過篩器
擠花袋組
烤盤

 材料

蛋 1 個
蛋黃 2 個
蛋白 2 個
白砂糖 40g
奶油 130g
二砂糖 50g
低筋麵粉 160g
牛奶 40g
紅茶粉 6g
鹽 少許

 做法

▌ 混合成麵團

1. 烤箱預熱 180℃。
2. 把室溫的無鹽奶油先攪打開來，然後加入二砂糖，打到奶油發白為止。
3. 先把蛋白稍稍打發，然後分兩次加入白砂糖，把蛋白打成濕性發泡備用。

4. 加入 1 顆蛋和 2 個蛋黃打散的蛋液。

5. 加入所有過篩過的乾粉料（麵粉、紅茶粉和鹽），並拌勻。

6. 加入牛奶，但不要一次加完，免得水分過多。

7. 最後加入打發的蛋白，並且用切拌的方式混合麵糊。

烘焙

8. 把混合好的麵糊放入擠花袋中，均勻的擠入模具裡，只要擠入 8 分滿。

9. 進烤箱 30 分鐘即可取出，放涼，脫模。

 Tips

如果你使用的是正統磅蛋糕模，到達 2/3 烘烤時間時，把蛋糕取出，在表面劃一刀，可以讓表面裂痕均勻。

Savory Pound Cake

鹹味磅蛋糕 [奶油麵糊]

這個蛋糕只是用磅蛋糕的基本原理製作，但是使用材料及比例還是以濃厚蛋糕為主，這是展示蛋糕的比例不是死的，加入自己的創意就可以做出不同的配方！

 準備

烤箱溫度
180℃

烘烤時間
35 分鐘

使用模具
矽膠烤模
（8cm×18cm
×6cm，只使用
一半）

份量
8 人份

使用器具
鍋子
木匙
過篩器
鍋盆
刮板
矽膠刮刀
烤盤

 材料

內料
火腿 15g
培根 15g
洋蔥 15g
蘑菇 15g
花豆 10g
四季豆 5g
風乾蕃茄 10g
無鹽奶油 5g（室溫）
植物油 5g（室溫）
鹽 2g
黑胡椒粉 2g

葛瑞爾起司 50g
（切成 1cm 丁狀）
小黃瓜 30g
（切成 2mm 圓片狀）

麵糊材料
低筋麵粉 100g
天然起司絲 40g（切碎）
泡打粉 3g
蒜粉 3g
蛋 2 個
牛奶 100cc
美奶滋 20g

內料做法

1. 把所有的材料切成相同大小。
2. 起鍋，把無鹽奶油和植物油倒入鍋中加熱。
3. 把洋蔥丁放入炒軟。
4. 然後加入培根丁、火腿丁炒香。
5. 再加入花豆丁、四季豆丁、蘑菇丁、風乾蕃茄丁炒。
6. 最後加入鹽和黑胡椒粉。
7. 把炒好的材料放涼備用。

麵糊的做法

8. 把過篩過的麵粉倒入鋼盆，加入泡打粉、蒜粉攪拌均勻。
9. 把蛋打散，然後加入麵粉裡，攪勻。
10. 再加入牛奶，攪拌麵糊成為滑順的狀態。
11. 再加入美奶滋和天然起司即完成麵糊。

組合麵糊和內料

12. 把烤箱預熱 180℃。
13. 把冷却的內料倒入麵糊中。
14. 用刮刀把內料和麵糊攪拌均勻。
15. 把配料倒入準備好的模具裡。
16. 把切好的葛瑞爾起司丁均勻疊入一層。
17. 在麵糊上疊一層切片的小黃瓜。
18. 把麵糊送入烤箱烤 35 分鐘。
19. 取出蛋糕放涼即可。

🐧 Tips

- 剛炒好的材料不可直接放入麵糊中，熱度會導致油脂分層，影響麵糊烘烤完的成果。
- 內料的比例不要放太多，因為會影響麵糊發起的狀態。

Sultana Friends

葡萄乾鬆糕

速發濃麵糊

"Friands" 這個字，和 Cupcake、Muffin 的用法沒什麼不同，都是由蛋糕麵糊變化而來的。因為區域和國家不同，所以法國人給了 Friands 這個名稱，並且在蛋糕配方中加了杏仁粉，也加入不同口味的內料，像是藍莓、葡萄乾或是其他乾果。因為有貴族的象徵，有人說這款巴黎小蛋糕根本是為了金融家（Financier) 而做的。

準備

烤箱溫度
200℃

烘烤時間
12 分鐘

使用模具
橢圓形模
（10cm×5cm×4cm）

份量
7 個

使用器具
鋼盆 2 個
矽膠刮刀
手持電動攪拌器
烤盤
擠花袋
1cm 平口擠花嘴

材料

杏仁粉 165g
糖粉 130g
低筋麵粉 45g
蛋 2 個
蛋黃 3 個
融化無鹽奶油 130g
泡過水的葡萄乾 45g
蛋白 3 個
白砂糖 10g

做法

混合成麵團

1. 把無鹽奶油隔水加熱融化。
2. 去除杏仁粉結塊。加入蛋、蛋黃以及過篩過的麵粉和糖粉。用打蛋器打成濃郁的蛋糊。
3. 加入融化的無鹽奶油,攪拌均勻。
4. 把洗過的葡萄乾的水分徹底去除,加入麵糊中拌勻,備用。
5. 把白砂糖分次加入蛋白中,並且攪打到中性發泡的程度。
6. 再把蛋白分次加入麵糊裡。

烘焙

7. 把模具都用無鹽奶油薄薄上一層。

8. 利用擠花袋把麵糊擠入模具中，約 3/4 滿即可。

9. 把烤箱預熱 200℃，烤 12 分鐘即可取出。

Tips

- 加入打發的蛋白，會讓麵糊稍稍膨脹，但不至於像杯子蛋糕或是馬分一樣膨脹得很大。另外，加入泡打粉作用後，烘烤時麵糊會容易溢出，所以加入模具內的麵糊量以不超過 3/4 為主。
- 在法國做這個小蛋糕並沒有特定的模具，所以你只要找到小小的模具就符合這個小蛋糕的精神了。

Muffin
蘋果肉桂馬分　速發濃麵糊

馬分的製作成功機率很高，和杯子蛋糕很像！雖然也是蛋糕的一種，但是和蛋糕的基礎款"海綿蛋糕"最大的不同點是，馬分不用先把蛋打發，而且所含的油脂較高，所以烤出來的口感就會比較濕潤。因為簡單成功機率高，新手大可放手去做，只要針對下面幾點多加留意：

確實篩勻粉類材料

可以避免泡打粉或小蘇打粉攪拌不均勻而造成膨脹不均勻，也可以縮短馬分麵糊的攪拌時間，讓攪拌麵糊的過程更輕鬆、快速地完成。

不要攪拌過久

馬分是靠泡打粉和小蘇打粉去幫助麵糊發酵和膨脹，如果攪拌時過分打發，會使有限的膨脹力降低，麵糊也會出筋，使膨脹更加困難，烘烤的成品就會變得太硬實。

奶油須軟化或隔水融化

馬分的基本拌合法適合加入液態的奶油，所以需要先隔水加熱，幫助麵糊和油脂均勻地融合。

不要裝填過滿

馬分麵糊會在烘烤時膨脹，裝填時要注意高度一致，外形才會漂亮。此外，也不能裝太滿，最多不超過八分滿為原則，否則當麵糊開始膨脹時，外皮還沒有定型，過多的麵糊就會從四周流出來。

準備

烤箱溫度
200℃

烘烤時間
35 分鐘

使用模具
矽膠馬分杯

份量
16 個

使用器具
鋼盆 3 個
矽膠刮刀
打蛋器
木匙
刷子
烤盤

 材料

低筋麵粉 280g（+8g 用在混拌蘋果）
泡打粉 6.5g
鹽 5g
肉桂粉 4g（+2g 用在混拌蘋果）
蘋果 1 顆
無鹽奶油 113g（室溫）
白砂糖 224g
蛋 2 個
香草精 2tsp
牛奶 150cc
胡椒 少許

外表裝飾
融化無鹽奶油 113g
白砂糖 110g
肉桂粉 3g

 做法　　**混合成麵糊**

1. 烤箱預熱 200℃。
2. 把麵粉、泡打粉、鹽、胡椒、肉桂粉過篩到鋼盆裡。
3. 把切成丁的蘋果，裹上一點麵粉和肉桂粉，備用。
4. 無鹽奶油和白砂糖攪打到變白，大約 3 分鐘。
5. 加入蛋黃和香草精。

6. 加入粉料,混拌在一起,最後加上牛奶(先不要全部加)。

7. 最後加入蘋果丁,用翻攪的方式把蘋果丁混合均勻。

烘焙

8. 把麵糊倒入準備好的馬分模裡,只要倒 2/3 滿。

9. 進烤箱烤約 30 分鐘。

10. 取出烤箱後,稍稍放涼。

裝飾

11. 把 113g 奶油融化無鹽奶油,混合 110g 白砂糖和 3g 肉桂粉。

12. 把放涼的馬分取出模具,先刷上剛融化的奶油。

13. 然後再將馬分上面朝下沾上一層肉桂糖粉。

Tips

混合麵糊時,不要過分攪拌把筋度帶出來,這樣才可以保持住馬分的鬆軟感。

Banana & Coconut Cake

香蕉椰子蛋糕 速發濃麵糊

　　這也是濃厚蛋糕麵糊的變化。當你把奶油和糖打成發白後，加入你要的調味乾料（果仁、新鮮水果及其它糖漿等），然後再加入粉料去調整麵糊的濕度。在這款麵糊裡，我刻意不加入蛋，只用椰奶、蜂蜜及香蕉本身的汁來做為調和用的液體。當然，你也可以加蛋來增加蛋糕的香氣，那就等於要減少其它液狀材料的份量。這個配方，也用了很多種粉料去取代麵粉的分量，但要記得每種粉料的密度不同，所以 不能完全替代麵粉，只能用少量來替代，它最大的功能還是在於調味和增加口感。

 準備

烤箱溫度
180℃

烘烤時間
25 分鐘

使用模具
8cm×5cm
×3cm
蛋糕模具

份量
8 人份

使用器具
刷子
鋼盆 2 個
打蛋器
矽膠刮刀
過篩器
叉子
烤盤

 材料

A
高筋麵粉 30g
低筋麵粉 100g
杏仁粉 30g
椰子粉 30g
泡打粉 2tsp
二砂糖 20g
鹽 pinch

B
融化無鹽奶油 10g
香草精 3drops
牛奶 60g
香蕉 2 根
蜂蜜 60g

C
香蕉 1 根
二砂糖 100g

做法

混合成麵團

1. 把模具內側塗上薄薄的無鹽奶油（材料之外的無鹽奶油）。
2. 在模具內側撒上手粉，使麵粉均勻的裹上模具，再把多餘的粉去除。
3. 烤箱預熱 180℃。
4. 把 B 材料中的香蕉用叉子壓碎，備用。
5. 把 B 的所有材料加入香蕉中，然後攪打均勻。
6. 把 A 材料中所有過篩的乾料（除麵粉之外）倒入 B 材料中，拌勻。
7. 再把 A 材料中的麵粉過篩，再加入麵糊中。用橡膠刮刀從下往上翻攪，把材料攪拌到看不見顆粒為止。

烘焙

8. 把攪勻的麵糊倒入模具中。

9. 往下敲放的方式，把多餘的空氣拍出來。

10. 把 C 材料的香蕉，切成 1cm 厚，然後排放在蛋糕糊的上面。

11. 在香蕉上面撒上二砂糖。

12. 把烤模排上烤盤，烤 25 分鐘即可取出，脫模，放涼。

8

9

10

11

12

Tips

因為濃厚蛋糕含有較大量的油脂和糖分，可以延緩麵團的老化，所以這款蛋糕可以保存在室溫下至少兩天，吃起來油脂及水分還是十足。

Chapter 3

Sweet & Short Pastry
塔皮麵團

Pie、Flans、Tarts、Tartlets、Linzer 指的都是塔皮麵團完成烘焙品,在不同的國家和不同做法之下而有了不同的名字。只要是上層沒有覆蓋住,而且烤好的塔皮入口酥脆、深度較淺的烤物都可以被稱為塔或派。塔,不但可以成為甜品,也可以做成鹹品。甜品,在塔皮的中間會擠上卡士達醬,然後再疊上水果或果仁類,或是加入烤後會凝固的不同液狀內餡(如巧克力餡、檸檬蛋餡、杏仁餡……等);而鹹派,會在餡料上加入起司、肉類或蔬菜,並且塔皮配方中的糖分會減量。

小一點的塔皮,會稱為"Tartlets",很適合做成派對的小點,也可做為派酥"Pie Crust",它大多是把麵團抓碎鋪疊在水果上去烤,也會做為蛋糕的底層以及甜點底層……等的運用,甚至可以作為餅乾的基礎麵團。

主角材料:奶油

使用麵粉:低筋麵粉

塔皮麵團基本材料和比例

麵粉　　　　油脂　　　　糖

: BUTTER : = 3：2：1 or 1：1：2

Sweet &
Short Pastry

　　在廚藝的教科書裡，會把這種麵團稱之為 3 － 2 － 1 麵團（也有人用 1 － 1 －
2），技術上來説，用手、食物調理機或攪拌機來攪拌都可以。因為用手需要比
較久的時間，在室溫及手溫的影響下，會讓油脂受熱變太軟。所以麵團的溫度會
決定這個塔皮口感的好壞。

　　這種利用奶油的酥脆性所製作的塔麵團，用水量較海綿蛋糕或其它麵團的少；
相對於麵粉的配方用量，主要以增減奶油來改變配方。

　　為了製作出酥脆口感的塔皮麵團，除了要注意揉麵團手法外，快速的作業過程
是關鍵。手溫和室溫都會使奶油從最適合的硬度變得太柔軟，而烤不出一個好的
塔皮。做這個麵團常遇到的問題有兩個：

1. 烤好的塔皮縮皺：因為麵團過度的揉合或是麵團在擀開之前沒有充分休息，
都會造成這個結果。

2. 烤好的塔皮黏附在烤盤上，無法順利的脫模：除了沒有確實的先在模具上油
外，也會因為麵團在擀開之前沒有充分休息以及加入過多的水分。

配方比例的調整

塔麵團，是利用奶油中的酥脆性來製作出塔皮酥脆的口感。如果想要變化這個麵團，可以先增減奶油的使用量來改變塔皮的口感，然後再改變糖分及粉類的使用量，創造出自已的塔皮配方。

兩種塔皮製作方法

奶油法（Creamed Method ）—— 把軟化的奶油單獨攪打成乳霜狀，或是加入糖打成乳霜狀作為此麵團的開始。

軟化奶油＋糖　　分次加入液狀材料　　粉狀材料
（打發）　　　　　（蛋或水）　　　　（麵粉及其它）　　乳霜狀奶油
鬆脆感、組織較為
粗糙的塔皮麵團

砂狀搓揉法（Sablage）—— 將固態的奶油，和麵粉混合搓成像砂粒感鬆散的狀態作為此麵團的開始。

固態小塊狀奶油　　麵粉及其他粉料　　液狀材料
（用手搓揉成砂狀）　　（蛋或水）　　酥脆感、
組織較膨脹且
扎實的塔皮麵團

Sweet &
Short Pastry

 材料使用秘訣

麵粉（Flour）

這是形成塔餅的主要成分，澱粉在烘烤過程中，會吸收水分而讓烘焙物有糊化作用；麵粉中的蛋白質會形成有黏性的麩質，加熱後會讓麵團變硬，成為一個堅硬的塔皮。

蛋（Egg）

蛋黃能協助麵團的結合和材料的連結，當塔皮麵團加入蛋順利乳化後，會慢慢的變硬。你一定感到很奇怪，為什麼蛋加入的量增加，反而麵團的硬度會增加？不是應該變得更軟才對嗎？主要是因為蛋中含的水量有助於澱粉的糊化，和奶油中的油脂也相互牽動，油水的摩擦因此造成水分無法自在的流動，所以蛋的加入就可以調整麵團的硬度，讓塔皮更容易成形。

蛋加入至奶油的時候，要分次加入，因為奶油裡的"油"和蛋所含的"水"是不相容的，如果混合不勻就會造成分離的狀態。而且如果蛋加得太多，溫度變太低，會讓奶油凝固而無法混合均勻。

奶油（Butter）

奶油的品質決定了塔皮的味道和口感，它的作用除了可以提供塔皮的酥脆感和香氣之外，也可以抑止麩素的形成，防止澱粉糾結。奶油能否給予這款麵團酥脆感，也和操作時的速度和溫度有關。如果是柔軟的乳霜狀奶油，它會均勻的散佈在麵團中，而揉成較軟的麵團，在操作上較為困難，也要避免過熱的油分溶出而使麵團太過柔軟。

在烤塔皮的時候,融化的奶油就會滲入麩素裡,烘焙溫度升高時,奶油就像油炸了麩素一樣,結果就成為一個酥脆口感的成品。

奶油變少,會得到一個結實的麵團,同時也需要加入較多的水分讓麵團變得好操作,而且油脂較少的麵團,在烘烤的時候較容易縐縮(Shrink),烤完後的成品較硬,鬆脆感也消失。

砂糖(Sugar)

可以使用白砂糖或是糖粉,糖的品質影響著塔皮的甜度、顏色、脆度。甜塔皮在製作後和使用前之間需要休息時間,而這個時間可以讓原本結晶的糖分完全的融解,同時也讓使用液體極少的塔皮麵團注入一些水分,讓操作更為順手。相對的,如果糖加的太多,在烘烤過程中,糖分沒有辦法溶解,就會在加熱中被焦糖化。

也就是說,砂糖增加,硬度增加,甜度也會增加。

Sweet &
Short Pastry

⏱ 操作技巧

整型入模(Lining of the Tins)

塔皮入模時,要防止空氣進入塔皮和模具之間,特別是底部及周邊的接合,要用指尖去整合塔皮和模具的密合度,如果不密合,氣體就容易進入空隙,造成烤出來的塔皮不勻。

打孔（ Docking ）

用打孔滾輪在擀平的麵皮上滾動而形成孔洞，再鋪入模型中。或是用叉子在麵團底部刺出孔洞，作用是讓麵團和烤盤間保留一些空隙，讓熱產生的氣體可以自由的流動。沒有打孔的麵團，底部的氣體因為無法排出，滯留在中間，會使得塔皮的底部拱出小山型的凸起。

不打孔的塔皮，在盲烤的時候，將烘焙豆子壓在塔皮上，讓塔皮不易隆起而得到一個平整的底皮。如果要烤成全熟的塔皮，烘烤半熟後，再把烘焙豆子取出，塔皮就能均勻的烤熟，上色也更加均勻。

盲烤（ Blind Baking ）

有很多種的塔或派需要把塔皮先烤成全熟或是半熟，再注入醬料放回烤箱去烤，或是烤好直接注入餡料和新鮮水果。所以沒有加入任何餡料的塔皮放入烤箱烤，因為沒有重量加壓在塔皮上，在烤的過程中，熱空氣的流動會讓塔皮隆起，所以會把烤盤紙和烘焙豆子放在塔皮上，這個過程叫做盲烤。

儲存麵團（Storage）

對於生的塔皮麵團，可以在揉合好麵團的同時，就把麵團分成好幾份，用保鮮膜貼緊包合，然後儲存在冰箱裡。要使用的時候，將麵團放在在室溫中，回覆到手指剛好可以壓下去的程度即可進行整型。冷藏的麵團不建議超過兩天，但是冷凍的麵團可以放置在冷凍庫一個月以上。

已經烤過但還未填入餡料的塔皮烘焙物，需要儲存在密封的容器裡，不然水分很容易被塔皮吸附而變軟。填入各式餡料的塔，都建議短時間內吃完，不要超過一天。如果要冰在冷凍庫中保存的話，記得不要烤得太熟，因為要放回烤箱裡回溫時，熱度會繼續烹煮麵團。

Sweet
Pastry

甜酥麵團塔皮

奶油法

 準備

份量
2 個 8 吋派皮

使用器具
鋼盆
過篩器
木匙
保鮮膜
四方深盤

 材料

無鹽奶油 200g （室溫）	蛋 50g （室溫）
糖粉 100g	低筋麵粉 300g
鹽 2g	

做成麵團

做法

1. 把無鹽奶油切成小塊狀，放在室溫，讓它自然變軟。
2. 在放軟之後，放在鋼盆中，用繞圈的方式以木匙攪打散開。
3. 分 3 次加入糖粉，讓糖粉和無鹽奶油充分攪打均勻。
4. 分 3 次加攪打好的蛋液，攪打均勻，讓分散的無鹽奶油慢慢的合在一起為止。
5. 加入過篩的麵粉和鹽，用木匙攪拌到看不到殘留的粉。
6. 再用刮板將材料集中，用刮板由上往下按壓，整型成一團的麵團，放置在保鮮膜上。
7. 壓成餅狀，然後用保鮮膜全部包起，避免麵團接觸空氣。
8. 把麵團冰入 4℃以下冷藏室，醒 4 小時。

保存小 Tips

- 麵團在冰箱時，奶油會慢慢滲入其他材料中，混合更為均勻。但是，不可在冰箱冰超過 3 天，油脂會滲透出來，所以塑型要在 3 天內完成。
- 在這裡用糖粉替代白砂糖，是因為白砂糖較粗的顆粒會讓口感變得比較軟，連結性也比較弱。而糖粉因為很均勻的散佈在麵團上，能把擀好的麵團緊緊的連結在一起。

塑型

9. 把麵團拿出室溫稍稍退冰。

10. 在工作台上均勻撒上手粉（確實注意
    工作台上沒有殘留物）。

11. 先用擀麵棍敲打麵團，使其稍稍鬆弛。

12. 由中心點往四個角落擀開。

13. 均勻的把麵團擀成 0.3cm 的麵皮，小
    心注意麵皮是否有黏附在工作桌上。

14. 去除掉擀平麵皮上多餘的粉。用擀麵棍
    由最前端開始，將麵皮包覆棍子捲起。

15. 由烤模的最前方，往後慢慢放麵皮，直
    到覆蓋整個烤模，並且直徑大於烤模
    拉直。

16. 用手指協助把麵皮先鋪滿底部，然後靠
    著模邊用二指協助黏合在側邊烤模上，
    並且去除立邊外多餘的麵皮。

17. 用叉子在麵皮上叉出一個一個的小洞。

18. 然後進冰箱醒 1 小時以上再使用。

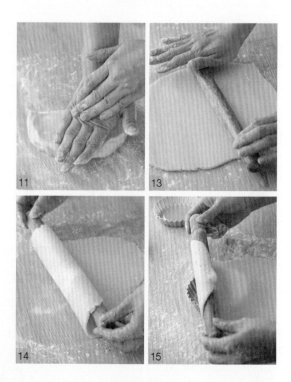

擀開 Tips

- 為了避免黏附，可以在擀麵棍上也抹上手粉。如果怕
  操作困難，可以把麵團放置在攤開的保鮮膜上操做。
- 可以用刷子去除麵皮上的粉。

Short Pastry

脆皮麵團塔皮

砂狀搓揉法

準備

份量
2 個 8 吋派皮

使用器具
過篩器
鋼盆
擀麵棍
四方深盤

 材料

無鹽奶油 215g（室溫）　牛奶 25g
低筋麵粉 165g　　　　　白砂糖 30g
高筋麵粉 165g　　　　　鹽 6g
蛋 62g

做法

做成麵團

1. 把蛋、牛奶、白砂糖和鹽攪拌均勻,然後放入冰箱冷藏。

2. 把稍放在室溫的無鹽奶油用擀麵棍敲打,使它軟化。

3. 把兩種麵粉過篩備用。

4. 把無鹽奶油用手撕切成小塊狀,然後和過篩的麵粉用手搓合在一起。(在此之前的步驟,可以用食物調理機來替代。)

5. 用兩手舀起,然後快速的以手掌輕輕摩擦混合無鹽奶油和麵粉,直到看不到無鹽奶油顆粒為止。

6. 把蛋液分 5 次加入,用兩手輕輕的攪拌混合。

7. 等蛋液都加入後,用兩掌手心握住所有材料的混合物,揉壓成一人塊。

8. 冰入冷藏室 4 小時以上,讓麵團醒一下。

塑型

9. 把麵團取出，在平台上撒一點手粉。

10. 把麵團敲開，然後把麵團擀成 0.3cm 厚的圓形。

11. 用刷子撢去多餘的粉。

12. 把用擀麵棍捲起麵皮。

13. 把麵皮攤在塗上無鹽奶油的模型上，立起邊，然後貼住模型的邊。

14. 把多餘的麵皮用手指按壓的方式去除。在麵團上戳洞，放回冷藏室備用。

Tips

- 把麵皮放置入模具時，不是用壓入的方式，而是要折進去，讓麵皮完全貼在模型的角落裡，這是為了預防麵團烤後縮小或變矮。
- 砂糖有抑製麩質形成的作用，但是因為脆皮砂糖含量較少，所以這種麵團在受熱後很容易軟化，烤好後會縮小。
- 如果在製程中有無鹽奶油過度軟化或出油的現象，就要馬上把半製品放回冷藏室，等出油停止再取出繼續動作。
- 在製作麵皮的時候，工作台或所有的用具都可以先冷卻或是遠離高溫的地方來製作。

Tarte Caribe
巧克力塔

巧克力塔因為成本的關係，一直以來只在高檔的咖啡廳才會出現。其用料的好壞決定了一個巧克力塔的成敗！

在 2009 年的澳洲版的"廚神（Master Chef Australia）"比賽節目中，這道甜點被選為決賽的關鍵料理，之後還被標榜成"澳大利亞最有名的甜品（Australia's Most Famous Dessert）"。在英國節目"Naked Chef"中，名廚 Jamie Oliver 也做了這個甜點，給當時還是女朋友的老婆吃，所以你就知道這道甜點有多麼受歡迎。

 準備

烤箱溫度
200℃

烘烤時間
15 分鐘

內餡加入後
烘烤時間
15 分鐘

使用模具
3 吋花型
可脫底模 5 個

份量
5 人份

使用器具
擀麵棍
烘培豆子
叉子
烤盤紙
烤盤

 材料

派皮
甜酥麵團
（做法請參考 P178）

巧克力餡
蛋 1 個
蛋黃 1 個
黑糖 20g

苦甜巧克力 120g
動物性鮮奶油 120g

185

做法 ▸ 派皮做法

1. 把麵團放稍軟後，擀平麵團，用擀麵棍輕輕捲起，再反方向在烤模上攤開。

2. 把派皮輕輕向下壓，讓派皮貼緊底的周圍，然後再壓緊派底和派邊的高度。

3. 用擀麵棍由下往上滾壓邊緣去除多餘的派皮。

4. 再用叉子在底部搓洞。

5. 先將派皮壓上烤盤紙後，再放上烘焙豆子進行盲烤。

6. 200℃ 烤派皮 15 分鐘。

7. 取出派皮，移除烘培豆子，再在派皮底塗上一層薄薄的蛋黃，接著烤 2 分鐘。

煮巧克力內餡和完成

8. 把蛋和蛋黃打散,然後加入黑糖,用直線反覆的打法把黑糖打散。

9. 煮鮮奶油,到煮開的程度即關火備用。

10. 把煮開的鮮奶油倒入切碎的苦甜巧克力裡,然後用餘溫把苦甜巧克力溶化,直到攪和成一個有亮度的巧克力醬。

11. 再把巧克力醬倒入先前準備的蛋液中,分成兩次倒入,並且輕輕拌攪,不要讓空氣進入醬汁裡。

12. 把混合好的巧克力醬倒入派皮裡。

13. 進烤箱烤 15 分鐘,用竹籤刺入不沾黏,即可出爐。

🔔 Tips

盲烤的派皮取出後要塗上蛋黃,是因為巧克力醬液是膠狀的內餡,倒入派皮後容易從預先打孔的地方流出去,而蛋黃可以形成脂肪膜,防止液體流出去。

Lemon Tart

檸檬塔

法國的檸檬塔最早起源自法國南部城市蒙頓 (Menton)。盛產柑橘類的蒙頓,在每年的二月都會舉辦檸檬節。這個嘉年華創始於西元 1934 年,當地的旅行業鑑於每年法國尼斯的嘉年華會都帶來數以萬計的旅客,於是以當地特有出產的檸檬為主題,設計出這一個與眾不同的節慶。果真吸引了許多遊客,帶動蒙頓地區的觀光事業。

在檸檬節期間,以每年平均花掉約 5 萬噸的檸檬來作各項活動使用,而其中檸檬塔始終是節慶的一大亮點。由於檸檬塔的獨到好滋味,現在法國的甜品店、咖啡廳或下午茶坊都可以看到它的身影。

在電影《吐司:敬!美味人生》(Toast)中,小男孩 Nigel 和繼母比拚的檸檬塔,就是札實黃澄澄的檸檬奶油餡,讓螢幕前的觀眾看得垂涎三尺。

準備

烤箱溫度
200℃

烘烤時間
10 分鐘盲烤
30 分鐘加料後烘烤

使用模具
6 吋底部可脫底
花形派盤

份量
6 人份

使用器具
小湯鍋
小鋼盆 2 個
木匙
濾網
烘焙豆子
烤盤紙
刷子
量杯
打蛋器
榨汁器
烤盤油
刮皮刀
叉子
烤盤
擀麵棍

材料

派皮材料
脆皮麵團
（做法請參考 P181）

檸檬奶油液材料
檸檬汁 3 個
檸檬皮 1 個
蛋 3 個
蛋黃 2 個
鮮奶油 125g
二砂糖 125g
柳橙汁 10cc

做法

派皮做法

1. 把烤模輕輕上油備用。
2. 要擀成派皮前 30 分鐘，把派皮從冰庫拿出來，在室溫下放置到手指可下壓的階段。
3. 在工作台上撒上少許的手粉。
4. 把派皮先壓扁，再用擀麵棍將麵皮擀平至 0.3cm 厚，寬度要比模具的圓徑加高度還大。
5. 用擀麵棍捲起塔皮，然後在模具上攤開。
6. 將底部和邊緣整型後，用擀麵棍來回壓邊去除邊緣多餘的派皮。
7. 在底部用叉子打洞，然後再冰入冷凍室內休息 20 分鐘，再放料烘烤。
8. 用盲眼烤法將派皮放進 180℃烤箱烤 10 分鐘，出爐備用。

Tips

- 去除麵皮時，要注意不要讓麵皮掛在模具邊緣，要清除乾淨。如果有黏附的麵皮，會在烤完後不容易脫模。
- 為了避免派皮沒有烤熟，所以一般常會有"盲眼烤法"，先把派皮烤半熟以上，將派皮鋪上烤紙，然後用米或重石的重量壓住派底，再進烤箱。
- 盲眼烤法壓住派皮的米、紅豆或綠豆可以重覆使用，或是直接到烘焙行買烘焙豆子。
- 因為濕度的不同，麵團所需要的濕度也會不同，液體不要一次下足，用手感去調整液體的量。
- 這個麵皮也可以擀成 0.3cm 厚度，然後用壓模去壓出型狀，再撒上一些海鹽，就成為很好吃的海鹽餅乾。
- 去除的塔皮可以再揉合在一起，然後用保鮮膜包起，進冷凍庫再保存，或冷卻定型後再取出繼續使用。比較適合拿來做餅乾，用在塔皮比較容易縮皺。

▶ 檸檬蛋液做法

9. 將水煮開後，轉小火，把裝有鮮奶油的鋼盆放在湯鍋上。

10. 加入二砂糖後，攪拌到二砂糖都溶解。

11. 把檸檬皮、檸檬汁、柳橙汁及蛋液都加入溫蛋鮮奶油中，混合均勻備用。

12. 把鋼盆放在桌面上敲 5 下，讓表面的泡泡消除。

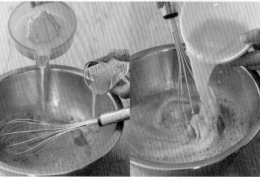

▶ 完成檸檬塔

13. 先把生派皮壓上烤盤紙和烘焙豆子，以 200℃ 烤 12 分鐘（邊緣烤出淡淡的烤痕顏色）。

14. 取出後，把烘焙豆子和烤紙移開，在派底塗上一層蛋黃，再進烤箱烤 2 分鐘。

15 將準備好的檸檬奶油蛋液倒入烤半成熟的派皮裡。

16. 進烤箱烤 30 分鐘，待外側都烤成深色的烤色並且檸檬液呈現不流動的狀態即可。

🔖 Tips

- 隔水加熱的水的溫度維持在 80℃ 最佳。
- 蛋液如果因太熱結塊，用濾網過篩後再使用。
- 這款派較不適合放置在冷藏，最好在烤好兩天內吃完！
- 這種派一定要等冷了以後才可以切開，如果還熱的狀態切開，派心會呈現不熟的狀況，而且切面會因中心太軟而不好切。

Quiche

鹹派

法式鹹派又稱洛林鄉村鹹派、洛林鹹派,是以雞蛋、牛奶和鮮奶油混和製成派皮,做為派餡的基礎,再加入鹹料一同烘烤的糕點,為法國傳統的爐烤美食。它的派皮通常先經盲烤,再加入其他食材,如熟煮的碎肉、蔬菜或起司等。送入烤爐前混入蛋液,一同放入烤箱中加熱。

雖然法式鹹派是法國飲食文化中的經典美食,但是它的外文名 "Quiche" 其實是源自德語的 "Kuchen",意思是糕點。

準備

烤箱溫度
180℃

烘烤時間
10 分鐘盲烤
30 分鐘加料後烘烤

使用模具
8 吋深派盤

份量
10 人份

使用器具
烤箱
炒鍋
鋼盆
木匙
派盤
烘焙豆子
烤盤紙
刷子
量杯
打蛋器
榨汁器
烤盤油
刮皮刀
叉子
烤盤
擀麵棍
保鮮膜

材料

派皮材料
脆皮麵團
（做法請參考 P181）

鹹派材料
8 吋盲烤 10 分鐘
之鹹派皮 1 個
無鹽奶油 20g
（室溫）
切丁培根 80g
新鮮切碎香菇 50g
洋蔥丁 50g
蒜碎 10g
義大利香料 1g
Pizza 起司 200g

蛋液材料
蛋 3 個
鮮奶油 150cc
鹽 少許
胡椒 少許
荳蔻粉 1/2tsp
肉桂粉 1/2tsp
紅椒粉 1/2tsp

 做法

鹹派做法

1. 將無鹽奶油加熱融化，加入培根拌炒，再加入所有的材料炒軟。
2. 用少許的鹽和胡椒調味。
3. 把炒好的料放涼備用。

4. 把蛋打散,再加入鮮奶油、鹽、胡椒、荳蔻粉、肉桂粉及紅椒粉調味,攪勻。

派皮做法

5. 把烤模輕輕上油備用。

6. 要擀成派皮前 30 分鐘,把派皮由冰庫拿出來在室溫下,放置到手指可下壓的階段。

7. 在工作台上鋪上兩倍模具圓徑大的保鮮膜,然後撒上少許的手粉,把派皮放置在上面。

8. 把派皮先壓扁,然後把保鮮膜覆蓋上去,再用擀麵棍將麵皮擀平至 0.3cm 厚,寬度要比模具的圓徑加高度還大。

9. 打開保鮮膜用擀麵棍捲起塔皮,然後在模具上攤開。

10. 將底部和邊緣整型後,用指腹去除邊緣多餘的派皮。

11. 在底部用叉子打洞,然後再冰入冷凍室內休息 20 分鐘,再放料烘烤。

12. 用盲眼烤法將派皮放進 180℃ 烤箱烤 10 分鐘,出爐備用。

13. 把放涼的餡料倒入烤半熟的派皮中,並撒上 Pizza 起司絲。

14. 把調味好的蛋液倒入派皮中至九分滿。

15. 將派送入 180℃ 的烤箱裡,烤 30 分鐘即可出爐。

![Tips]

■ 用指腹去除麵皮時，要注意不要讓麵皮掛在模具邊緣，要清除乾淨。如果有黏附的麵皮，會在烤完後不容易脫模。

■ 為了避免派皮沒有烤熟，所以一般常會有"盲眼烤法"，先把派皮烤半熟以上，將派皮鋪上烤紙，然後用米或烘焙豆子的重量壓住派底，再進烤箱烤個 10 分鐘。

■ 盲眼烤法壓住派皮的米、紅豆或綠豆可以重覆使用，或是直接到烘焙行買烘焙豆子。

■ 因為濕度的不同，麵團所需的濕度也會不同，液體不要一次下足，用手感去調整液體的量。

■ 這個麵皮也可以擀平 0.3cm 的厚度，然後用壓模去壓出型狀，再撒上一些鹽，就成為很好吃的鹹餅乾。

Pumpkin Pie
南瓜派

　　西方國家的感恩節要吃烤火雞和南瓜派，就和我們中秋節要吃月餅和柚子一樣有典故的。據說在一六二〇年秋天，一批約百餘人的清教徒，為了逃避英王的宗教迫害，搭船到美洲。因為人地生疏，食物匱乏，半數以上都未能熬過當年冬天的酷寒和疾病，好不容易春天來了，他們又必須著手重新建立家園。這時好心的印第安人向他們伸出援手，不僅送來生活必需品，還教他們造房、狩獵、耕種、養殖和捕魚，到了秋天他們終於獲得豐收。為了感謝上帝的賞賜和印地安人的協助，他們便以飼養的火雞和盛產的南瓜烤製美食，邀請印地安友人一同歡宴。之後林肯總統在一八六三年宣布，每年十一月的第四個禮拜四為感恩節國定假日，大家相沿以傳統的烤火雞和南瓜派為主要菜餚來歡聚感恩，這便是感恩節吃烤火雞和南瓜派的由來了。

準備

烤箱溫度
200℃

烘烤派皮時間
12 分鐘

有餡料烘烤時間
30 分鐘

使用模具
8 吋花型底部
可脫烤模

份量
8 人份

使用器具
刷子
擀麵棍
叉子
湯鍋
打蛋器
矽膠刮刀
烤盤

 材料

派皮材料
脆皮麵團
（做法請參考 P181）

南瓜餡材料
南瓜 500g
蛋 2 個
二砂糖 140g
鮮奶油 80ml
肉桂粉 1tsp
豆蔻粉 1/2tsp
薑粉 1/2 tsp

 做法

派皮塑型

1. 先把派模輕輕塗上一層油。
2. 把麵團取出，稍稍退冰或是用擀麵棍稍稍壓製讓它變軟。
3. 到一指可以下壓的狀況時，放置在撒了一點手粉的平台。
4. 把麵團敲開，然後把麵團擀成 0.3cm 高的圓形。
5. 把用擀麵棍捲起麵皮。
6. 把麵皮攤在模型上，立起邊，然後貼住模型的邊。
7. 手指靠著派模邊往下壓，去除多餘的派皮。
8. 用叉子壓出小孔。
9. 先把生派皮壓上烤盤紙和烘焙豆子，以 200℃ 烤 12 分鐘（邊緣烤出淡淡的烤痕顏色）。
10. 取出後，把烘焙豆子和烤紙移開，在派底塗上一層蛋黃再進烤箱烤 2 分鐘。

 Tips

- 把麵皮放入模具時，不是用壓入的方式，而是要折進，讓麵皮完全貼模型的角落裡，這是為了預防麵團烤後縮小或變矮。
- 如果麵皮上有太多粉，可以用刷子撣去多餘的粉。
- 砂糖有抑製麩質形成的作用，但是因為脆皮砂糖含量較少，所以這種麵團在受熱後很容易軟化，而在烤好後縮小。
- 如果在製程當中有奶油過度軟化或出油的現象，就要馬上把半製品放回冷藏室，等出油停止再取出繼續動作。
- 在麵團上戳洞的原因，是為了讓麵團在烤的時候，不會因為底部受熱在底部中央浮起。
- 在製作麵皮的時候，工作台或所有的用具都可以先冷卻，或是遠離高溫的地方來製作。

南瓜餡做法

11. 把南瓜切成小塊狀,加水煮熟,把多餘的水瀝乾,壓成南瓜泥,放涼備用。

12. 把蛋和二砂糖打勻在一起。

13. 把南瓜泥加入蛋液中,並且攪拌均勻。

14. 倒入鮮奶油及肉桂粉、豆蔻粉及薑粉,拌勻後備用。

完成南瓜派

15. 把南瓜餡倒入烤半熟的派皮裡。

16. 把派放進烤箱烤 30 分鐘即可取出。

Free-form
Blueberry Tart
藍莓派

全世界各地的甜點櫥窗裡，都可以看見像珠寶般陳列的各式水果塔。浪漫的法國人對於水果塔就歌頌著"Ah, only the finest ingredients went into this."，意思是，只能是最好的材料才得以放在水果塔的塔皮上！由此可知，水果塔根本就是甜點的極品，什麼甜點可以比得過最新鮮又最好的水果呢？

藍莓派就是用水果塔的概念，先做好塔皮，再填入香濃的卡士達醬，最後在卡士達醬上覆蓋一層滿滿的藍莓，只要有香脆的派皮加上濃郁香草味的卡士達醬，其實任何水果都可以輕輕鬆鬆的變成主角。

 準備

烤箱溫度
200℃ 盲烤
180℃ 第二次烘烤

烘烤時間
10 分鐘盲烤
10 分鐘第二次烘烤

使用模具
5 吋底部可脫
花形派盤 2 個

份量
4 人份

使用器具
鋼盆
烘焙豆子
烤盤紙
醬汁鍋
刷子
手持電動打蛋器
烤盤油
刮刀
叉子
烤盤
擀麵棍

 **材料**

派皮材料
甜酥麵團
（做法請參考 P178）

內餡材料
卡士達醬 200g
（做法請參考 P228）
亮面果膠 40g

藍莓 80g
水 40g

做法

盲烤塔皮做法

1. 把烤模輕輕上油，備用。

2. 要擀派皮前 30 分鐘，把派皮由冰庫拿出來，在室溫下放置到手指可下壓的階段。

3. 在工作台上撒上少許的手粉。

4. 把派皮先壓扁，再用擀麵棍將麵皮擀平至 0.3cm 厚，寬度要比模具的圓徑加高度還大。

5. 用擀麵棍捲起塔皮，然後在模具上攤開。

6. 將底部和邊緣整型後，用擀麵棍由上到下稍稍往下壓滾到底，去除邊緣多餘的派皮。

7. 在底部用叉子打洞，然後再冰入冷凍室內休息 20 分鐘，再放料烘烤。

8. 用盲眼烤法將烤盤紙疊上塔皮，然後再鋪上烘焙豆子。將派皮放進 200℃ 烤箱烤 10 分鐘即出爐。

9. 把烤箱降溫到 180℃，取出的派皮移除烤紙和烘焙豆子後，再繼續烤 10 分鐘，到塔皮完全上色為止。

內餡做法

10. 把冰箱的卡士達醬拿出來，用手持電動打蛋器打散開來。
11. 把打散的卡士達醬填入擠花袋中備用。
12. 把亮面果膠和水一起煮，到果膠被煮散開為止，離火，備用。
13. 把已攪打開來的卡士達醬擠入烤好的塔皮底層，打好一層底。
14. 依自已的喜好把清洗好的藍莓排在卡士達醬上，直到把塔面排滿。
15. 用刷子沾上稀釋過的亮面果膠，在藍莓的表面薄薄的塗上一層。

Tips

- 煮過的果膠溫度不可太高。溫度會把生的水果變成熟水果，那可不是你會喜歡的口感！
- 這裡可以用其它水果替代藍莓，像芒果、奇異果、鳳梨、草莓……等。
- 如果手邊沒有亮面果膠，可以用果醬加水稀釋煮開來替代。

Apple & Almond Flan

蘋果塔

用來做蘋果甜點的蘋果，大概是以脆度很夠和帶酸的品種為主，像是 Bramley、Empire、Northern Spy 或 Granny Smith，一方面帶酸的味道，可以調整甜的層次感，吃起來會較不膩；另一方面，這些品種可以烹煮的時間較久，不會煮一下就化掉了。

吃蘋果塔有個經典的方式叫 "A La Mode"，就是在切下來的塔派上，放一球冰淇淋或是擠上打發的鮮奶油。也有另一種吃法，是在切下來的蘋果塔旁放上一小塊（片）切達起司（Cheddar）。

最常見的吃法是與冰淇淋或鮮奶油一起搭配食用。在台灣卻很少見到與起士一起的吃法，但是有一句話說 "An apple pie without cheese is like a kiss without the squeeze！"，也就是對於新英格蘭人來說，蘋果塔和起司的結合是那麼的理所當然。你可以融化在派上，或加在派裡，或一口派一口起司享用。記得下次做蘋果塔的時候，把起司的元素加在蘋果塔裡！

準備

烤箱溫度
200℃

烘烤時間
10 分鐘盲烤
30 分鐘加料後烘烤

使用模具
5 吋底部可脫
花形派盤 3 個

份量
6 人份

使用器具
鋼盆
木匙
烘焙豆子
烤盤紙
刷子
量杯
手持電動攪拌器
榨汁器
烤盤油
叉子
烤盤
擀麵棍
擠花袋 16 吋
平口擠花嘴 11 號
砧板
主廚刀

 材料

派皮材料

甜酥派皮

（做法請參考 P178）

杏仁奶油餡材料

無鹽奶油 135g（室溫）

白砂糖 135g

杏仁粉 135g

萊姆酒（Rum）15cc

低筋麵粉 15g

蛋 2 個

內餡材料

蘋果 2 顆

檸檬汁 半顆

白砂糖 80g

肉桂粉 6g

杏桃果醬 100g

亮面果膠 40g

水 40g

做法

派皮做法

1. 把烤模輕輕上油備用。

2. 要擀成派皮前 30 分鐘,把派皮由冰庫拿出來,在室溫放置到手指可下壓的階段。

3. 在工作台上撒上少許的手粉。

4. 把派皮先壓扁,再用擀麵棍將麵皮擀平至 0.3cm 厚的麵皮,寬度要比模具的圓徑加高度還大。

5. 用擀麵棍捲起塔皮,然後在模具上攤開。

6. 將底部和邊緣整型後,用小刀去除邊緣多餘的派皮。

7. 在底部用叉子打洞,然後再冰入冷凍室內休息 20 分鐘,再放料烘烤。

8. 用盲眼烤法,將烤盤紙疊上塔皮,然後再鋪上烘焙豆子。將派皮放進 200℃ 烤箱烤 10 分鐘,出爐備用。

9. 取出的派皮移除烤紙後,再加入餡料繼續烤。

杏仁奶油餡做法

10. 把麵粉、白砂糖過篩備用。

11. 確實把杏仁粉的結塊去除。

12. 把無鹽奶油和白砂糖一起攪打，一直到無鹽奶油呈現發白。

13. 加入蛋和萊姆酒，然後打勻。

14. 加入過篩的麵粉和杏仁粉，攪拌均勻。

15. 讓餡料稍稍休息即可填入擠花袋備用。

完成蘋果派

16. 把烤箱預熱 200℃。

17. 把蘋果去皮去籽、去核，切成 0.1cm 半月形薄片，再泡入檸檬水中。

18. 先在盲烤好的塔皮鋪上一層杏桃果醬。

19. 再填上一層的杏仁奶油餡（高度超過 1/2 派皮圍）。

20. 由外層向內排上蘋果片，直到排滿為止。

21. 在表面撒上白砂糖和肉桂粉混合。

22. 把派送進烤箱烤 30 分鐘，到表面完全上色為止。

23. 拿出烤箱時，找比塔模小的磁杯，墊在模底幫助脫模。

24. 等派完全冷却後，再塗上亮面果膠。

Tips

- 蘋果片的排法為，第一排和第二排的蘋果方向要相反，第三排也是，成品看起來會更美觀。
- 可以在中心點放入切碎的蘋果墊高，烤好就不會有塌陷的現象。
- 適合和蘋果塔一起搭配的起司有：Cheedar（巧達）、Grugère（格鲁耶爾）以及 Roquefort（羊乳）等。

Cornish Pasties
康沃爾肉餡餅

康沃爾肉餡餅是英國康沃爾鎮（Cornwall）的一種傳統小肉餡餅。

在英國康沃爾這個鎮，礦工把這個派當做午餐。他們會用小塊牛肉、土豆塊、蕉青甘藍、洋蔥和一些清淡的調料做派皮的內餡，然後包成字母"D"的形狀去烤，讓礦工們可以輕鬆地攜帶進礦區。

這種派餡可以做成各種不同的口味，但只有在康沃爾郡製作出的餡餅才叫做康沃爾餡餅。

準備

烤箱溫度
180℃

烘烤時間
30 分鐘

使用模具
8cm 圓形壓模

份量
5 人份

使用器具
過篩器
刮板
鋼盆
矽膠刮刀
擀麵棍
保鮮膜
烤盤
矽膠烤墊
叉子
刷子

 ## 材料

派皮材料
低筋麵粉 310g
無鹽奶油 125g
（冷藏狀態，
切成塊狀）
冰水 50cc

牛肉內餡材料
牛肉絞肉 160g
蕃茄 1/2 個
洋蔥 1/2 個
胡蘿蔔 1/2 根
鹽適量
胡椒粉適量
S.P 適量
李林辣醬 2 tbsps
牛肉高湯 2 tbsps
蛋 1 個
亮面果膠 40g
水 40g

做法

派皮做法

1. 把麵粉先過篩。
2. 把切塊的無鹽奶油塊，放入麵粉中，用刮板協助，讓麵粉和無鹽奶油稍稍混合。
3. 再加入冰水，用手掌和手指把粉和冰水混合，揉合成一個麵團。
4. 把麵團用保鮮膜包覆起來，冰入冰箱 20 分鐘。

內餡做法

5. 把蕃茄、洋蔥和胡蘿蔔切成細丁狀。
6. 把所有的內餡混合，加上鹽、胡椒粉。

7. 最後加入李林辣醬、牛肉高湯和蛋液，把餡攪勻備用。

完成牛肉餃做法

8. 烤箱預熱 180℃。

9. 把麵團取出置於保鮮膜上，把麵團擀成 0.3cm 厚的麵皮。

10. 把派皮分切成圓形，每個切成直徑 8cm 圓形。

11. 在圓皮中心下內餡，以不超過圓心的 2/3。

12. 在派皮外緣先刷上一圈蛋液。

13. 利用保鮮膜把派皮往下包。

14. 用手指腹壓緊派皮，再用指尖捏緊。

15. 把派立起來，派皮表面塗上蛋液。

16. 再用叉子在派皮上穿洞。

17. 進烤箱烤 30 分鐘。

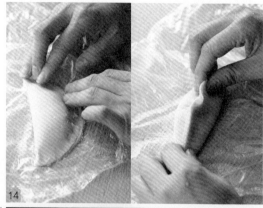

🙎 Tips

• 內餡的水分不可太多，所以牛肉高湯最後加，當成調整的水分。

• 李林辣醬油，起源于 19 世紀 30 年代，是辣醬油的代表，又稱為英國黑醋或伍斯特醬（Worcestershire Sauce），是一種很代表英國的調味料，味道酸甜微辣，色澤黑褐。相傳英國駐孟加拉的一個勛爵在印度得到了一個辣醬汁的配方，回家後把配方交給當地的化學家約翰 李和威廉 派林（John Wheeley Lea、William Henry Perrins）。他們發現醬汁因為滲出一層發酵物，使得口感獲得大家的喜愛，所以就重新推向市場販售。因為是在在伍斯特郡這個地方研發而成的，大家就稱這個醬為 "伍斯特郡醬汁"（Worcestershire Sauce）。伍斯特醬雖然品牌繁多，但在英國生產的只有李派林一種。

Chapter 4

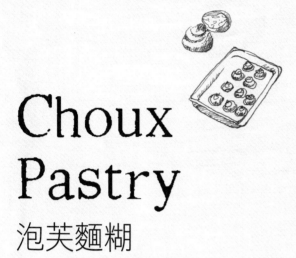

Choux Pastry
泡芙麵糊

　　在法文的意思是"甘藍菜"，因為這個成品就像甘藍菜一樣是不規則的表面小球，但是這個小球內部可不扎實，在烘烤後就變成了外表酥脆而內部中空的情況。據說，泡芙發明的時間在中世紀的晚期，是烘焙師偶然發現的。製作方式也和其他的麵團很不相同，它混合了麵糊和麵團的特性，經過兩次加熱。第一次的加熱，先用含有油脂的水煮沸，再加入麵粉，做成一個較軟的麵團，放涼後再加入蛋，攪混成更柔軟的麵糊；第二次的加溫，把麵糊先塑型，再進烤箱烤膨脹後就成為可口的泡芙了。因為泡芙成品很輕，它有另外一個有趣的名字來稱呼這個麵團——"修女的屁"。

　　泡芙麵團和其它麵團或麵糊最大的不同在於：1. 水分較多 2. 二次加熱。

🥄 主角材料：水分

🥣 使用麵粉：低筋麵粉

泡芙麵糊基本材料和比例

水 ： 奶油 ： 低筋麵粉 ： 蛋 ＝ 2 : 1 : 1 : 2

BUTTER

Choux
Pastry

配方比例的調整

　　以水分為基準，並且維持奶油： 麵粉＝1：1～1：2範圍的比例，就可以變化出輕麵糊。麵粉比奶油多的話，表皮就會變厚，口感就會較扎實；但麵粉比奶油少的話，表皮就較薄。

泡芙麵糊基本製作過程

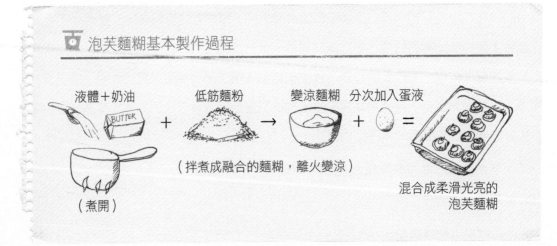

液體＋奶油 ＋ 低筋麵粉 → 變涼麵糊 ＋ 分次加入蛋液 ＝

BUTTER

（煮開）

（拌煮成融合的麵糊，離火變涼）

混合成柔滑光亮的
泡芙麵糊

泡芙這個麵糊，除了做成正規泡芙外，也常做成其他甜品和鹹品的變化，如：

1. 巴黎麵疙瘩（Parisienne Gnocchi）：由袋中擠入沸水中煮。

2. 法式甜甜圈（Beignet）：由袋中擠進熱油中炸，炸成圈圈狀，撒上糖粉。

3. 墨西哥吉拿棒（Churro）：由袋中擠進熱油中炸，炸成長條狀，撒上肉桂糖霜。

4. 王妃馬鈴薯（Pommes Dauphine）：麵團不加蛋，是 Panade 麵糊，用來黏合肉餡並增加口感。黏合馬鈴薯泥，擠出油炸。

5. 馬鈴薯煎餅：1/3 泡芙麵團＋ 2/3 馬鈴薯麵團，做成圓盤狀，撒上手粉，煎成餅狀。

 材料使用秘訣

麵粉（Flour）

大部分的泡芙都使用低筋麵粉，如果使用高筋麵粉的話，蛋白質較多，麩素容易形成，會影響到泡芙的膨脹狀態，當麵糊沒有辦法延展時，外皮也會較厚，會變成扎實的成品。

而且，使用了高筋麵粉，因為澱粉含量減少，糊化作用也會減弱，無法吸附所有的水分，所以水分也要相對地減少。

蛋（Egg）

蛋的水分，是用來調整麵糊整體的水分含量及黏性。加入的最佳溫度是等麵團冷卻到 60℃ 以下。蛋加愈多時，麵糊就會變得更柔軟，麵糊也較容易向外擴張。

當然水分愈多，蒸氣的推擠之下，會讓麵糊的中央形成較大的空洞。

蛋黃中卵磷脂是天然的乳化劑，可以把原本會分離的水和油脂巧妙的連結在一起。蛋白的作用，是利用熱而凝固，幫助泡芙皮撐起來不會坍塌。

水分（ Liquid ）

泡芙裡的空洞，是麵糊中的水分經過烤箱加熱後變成水蒸氣而形成，所以麵糊配方中的水分是必要的。水分愈多的麵糊就會膨脹的愈大。我在這個基本配方裡用牛奶替代了水，用牛奶更能增加麵皮的風味，並且可以烘烤出更美的顏色。

油脂（Fat）

在這個麵糊裡加入的油脂，如果能均勻的分散在麵糊中，愈能製作出有延展性的麵糊。油脂，具有切斷澱粉過度連結的作用，不會讓泡芙麵團變成一團硬塊。

放入蛋黃，可以產生乳化作用，讓麵團的油脂更安定；而蛋白的凝固作用，可以把形成的泡芙形體保持住。

材料變化對泡芙口感的影響

材料／變化	膨脹度	外皮厚度	外皮質感
低筋麵粉	大	薄	柔軟
高筋麵粉	小	厚	硬實
蛋用量多	大	薄	柔軟
蛋用量少	小	厚	硬實
烘烤前有噴水	大		脆
烘烤前無噴水	小		柔軟

這是用澱粉的糊化作用和蛋的乳化作用製作出來的麵團。麵團在烤的過程中，麵糊中的水分因熱度變成了水蒸氣，並且在已成形的外皮麵糊內部推擠著，使麵糊膨脹，因而在內部產生空洞。空洞變大，表皮整個變薄，麵糊就像氣球一樣鼓起。

⏱ 操作技巧

熱液體和油脂一起煮

油脂有切斷澱粉過度連結的現象，所以先在熱液體中煮散，更能均勻的被澱粉吸收；在烤箱加熱的時候，麵糊需要有良好的延展性，澱粉的糊化雖然把麵糊連結在一起，但受水蒸氣作用時卻無法讓麵糊保持柔軟性及延展性，因此讓水蒸氣在泡芙中間留下足夠的空洞。因為過強的黏性，防礙了膨脹。

在沸騰的熱液體中，加入麵粉

在熱液體中加入麵粉充分的混拌，可以幫助澱粉吸收熱水而形成柔軟膨脹的糊化現象，比冷水混拌時可以吸附更多的水分，而且加速糊化的作用，讓泡芙的麵團有最佳的延展性。

熱液體加入麵粉後的麵糊溫度

油脂和熱牛奶或水煮開後，等到油脂確實融化才能加入麵粉。麵粉加入後，要一直攪拌到澱粉完全吸附完水分，並且持續攪拌到鍋底產生薄膜，麵糊才算完成。此時麵糊中央的溫度要達到 80℃ 左右，如果麵糊溫度持續上升，油脂就容易滲出。

加入蛋的麵糊溫度

需要加入蛋的麵糊，一定要先等麵糊溫度降到 60℃ 以下才可以加。一方面在高溫下加入蛋，有可能煮熟蛋；另外，蛋也要逐次的加入才行，因為一下就加入全部的蛋量，不但因溫度驟降而讓麵糊變硬，也會因為一次加入，導致水分一下子過多而調成太軟太稀的麵糊。

烤箱的溫度

為了要讓麵糊順利的膨脹起來，也為了避免烤的時候，不會因內部蒸氣沒有排出，導致從烤箱取出泡芙後，空氣和蒸氣體積瞬間消失，就會變扁塌掉，所以烤箱的溫度控制很重要。如果是可以調上下火的烤箱，建議一開始上火溫度不要太高，會讓泡芙的上皮一下就凝固而阻礙了麵糊的膨脹。沒有上下火的烤箱，一開始溫度不要調到最高；中段時，泡芙上層皮撐大了，就可以把上火溫度調高，讓麵糊中的水蒸氣排完，就可以得到一個膨脹完美又堅固的泡芙成品。

儲存 Storage

這個麵糊可以在做好後保存在冷凍庫，要用的時候再退到室溫，回到正常麵糊的硬度即可繼續完成你想要做的泡芙烘焙品。

麵糊	陰涼的室溫	12 小時	回覆使用時，可加蛋調整
烤好的泡芙	冷凍	3 個月	可噴水進烤箱回溫，或回復室溫

Profiterole
基礎泡芙麵糊

外國的甘藍菜（Chou）和還沒變形的泡芙（Profiterole）同樣是小小的圓形狀，所以法文就用 Choux（複數）做為泡芙的名字。在其它的國家就用 Puff 來統一稱呼。

Puff 是代表膨脹的意思，中央會形成空洞。另一種 "奶油酥皮的派皮" 也是用 "Puff Pastry" 來稱呼，所以不要搞混！

利用這個基礎泡芙糊易塑型以及膨脹性，中間又是中空的特性，就可以變化這個單元裡所有的甜品。因為擠出的形狀不同，法國人把烤出來的麵皮擠上不同的餡料，或不同的堆疊和組合的方式，變成新的泡芙甜點。比如閃電泡芙（Éclairs）；天鵝泡芙（Profiterole swans）；泡芙塔（Croquet-en-bouche）；巴黎手環（Paris- brest）；修女泡芙（Religiouse）……等經典甜品。

準備

烤箱溫度
烤麵糊最佳的溫度是 200℃～ 220℃，看擠出麵團的大小而定。

烘烤時間
依尺寸而定

使用模具
16 吋擠花袋
依形狀選擇
擠花嘴

份量
800g

使用器具
寬口湯鍋
打蛋器
矽膠刮刀
過篩器
鋼盆

 **材料**

牛奶 500cc
無鹽奶油 225g（室溫 10 分鐘）
低筋麵粉 250g
蛋 6 ～ 8 顆（60g ／個）

 做法

1. 將室溫的無鹽奶油放置在牛奶裡，煮到化開，無鹽奶油需完全融化。
2. 將過篩的麵粉分次加進加熱後的牛奶中，一邊加一邊攪拌，每次都要攪拌到看不見粉末。
3. 將牛奶和麵粉攪拌至麵糊整合為一，然後再攪拌一會，直到在鍋底產生薄膜後，停火。

4. 把麵糊倒入另外一個容器裡稍稍放涼。

5. 把蛋打散。

6. 將蛋液慢慢的加入較涼的麵糊中，每加一次就攪打均勻，直到麵糊黏住湯匙不會掉下來，呈現倒三角型狀。

7. 放入擠花袋配上所想打的泡芙型狀的擠花嘴備用。

 Tips

- 把麵粉放入麵糊鍋中攪拌，直到鍋底產生薄膜，做為麵糊完成的判斷依據。因為在這個過程中，水分一直在揮發，要讓麵糊中心達到 80℃ 才會糊化。如果溫度過高，麵糊中的油脂就會跑出來；如果溫度太低，澱粉就無法完成糊化。

- 判斷泡芙麵糊是否完成，可以用以下方式來觀察：
  1. 麵糊必需是溫熱的，如果麵糊太冷，會讓麵糊變硬而無法判斷麵糊好壞，而且會花太長的時間在烤箱裡讓麵糊變熱，造成膨脹不佳的狀況。
  2. 麵糊的表面，必需是滑順並且有光澤的。
  3. 木杓舀起麵糊時，麵糊會呈現倒三角形的垂下狀態。

- 麵團要加入液體時，建議不要一次全部倒入。因為天氣潮濕的因素，有時候會讓麵粉含水量較高；或者蛋的大小不同也會影響麵糊的濕度，當配方的單位為 "個" 的時候，有時需要增加或減少。所以不是依照食譜就不會錯，而是要了解麵糊在什麼狀態下會形成什麼結果。

- 蛋加入最適合的時間是麵團降到 60℃ 時，如果太高溫，不但會把蛋煮熟，還會讓空氣減少，讓泡芙烘烤的時候無法膨起。

- 麵糊如果太軟的話，擠出來的麵糊就會不規則，較無法成型；較硬的麵糊，就可以擠出較規則的形狀。

- 在麵糊上噴水，是為了怕表面的麵糊太乾影響膨脹；表面噴上水後，可以延後表面凝固的時間，這樣就可以讓麵糊膨的更大。

Cream Patisserie

卡士達醬

卡士達醬雖然是配角,但是很多甜點少了它就什麼都不是了。蛋糕、甜品和很多的烘焙品 (如:派、塔、泡芙及麵包類) 都少不了它。用卡士達變化的甜品也不少,像是舒芙蕾,是把蛋白另外打發,烘烤之前再把蛋白翻攪進麵糊裡。

而英式奶油醬,又稱安格列斯醬 (Crème Anglaise),則是沒有加入澱粉的卡士達醬。不管你是想要了解麵包、 甜點還是其他烘焙類甜品,都不能省略這個最佳男配角。

 準備

份量
600g

使用器具
四方深盤
湯鍋
木匙
打蛋器
鋼盆
濾網
保鮮膜
矽膠刮刀

材料

牛奶 500cc　　無鹽奶油 10g
白砂糖 100g　　(室溫)
玉米澱粉 60g　　香草莢 1/4 根
蛋 2 個

做法

混和麵糊

1. 先將冷卻用的四方深盤容器覆蓋保鮮膜。

2. 將蛋、白砂糖和玉米澱粉混合均勻,置於一邊備用。

3. 把牛奶倒入鍋中,再將香草籽由香草莢中刮出放入牛奶中。

4. 將牛奶和香草籽煮開,並確認香草籽確實散開。將煮好的牛奶倒入蛋液混合糊中,用打蛋器將液體和蛋糊混合均勻。

5. 煮開的粉類都溶於牛奶中後,把蛋奶漿過濾到鋼盆裡。

6. 把過濾過的蛋奶漿倒回乾淨的鍋上煮。

7. 蛋奶漿會在鍋上愈變愈稠，持續的用打蛋器和木匙在鍋上攪拌。

8. 等麵糊完全黏結後，關火。

冷卻

9. 丟入無鹽奶油塊，用餘溫將無鹽奶油融化在卡士達糊裡。

10. 將卡士達糊倒入容器內，用保鮮膜包起來。

11. 在室溫冷卻後，放進冰箱備用。

12. 使用之前，將已結塊的卡士達醬用打蛋器攪打開來，恢復成柔軟的狀態再填入擠花袋內備用。

🍮 Tips

- 做卡士達醬的時候，一定要專心的守候著。攪拌的時候，會由底部開始凝結，要更小心鍋子的角邊，要持續的劃刮翻攪，不然會容易燒焦。
- 你也可以用低筋麵粉替代玉米澱粉。麵粉和玉米澱粉都是這個配方的濃稠劑。
- 卡士達醬像是一個結構基礎，可以依照你放進去的不同配料，而產生不同口味的卡士達醬。任何強烈的甜品調味醬，像是花生、榛果、草莓、芝麻……等都可以加入，創造出自己喜歡的卡士達醬。

這個像臘腸般的長型泡芙,切開中間擠餡為主要
特色。Éclair 在法文的意思是閃電,不過它不是因
為外型而得名,而是因為法國人太愛吃長型的閃電
泡芙了,總是會在取得後的最短時間內吃完,就像
閃電一樣來無影去無蹤!

準備

烤箱溫度
200℃

烘烤時間
20 分鐘

使用模具
泡芙使用擠花嘴:
平口 1.5cm
泡芙使用
擠花袋:18 吋
鮮奶油使用
擠花嘴:星口 1cm
鮮奶油使用
擠花袋:16 吋

份量
12 人份

使用器具
矽膠刮刀
鋼盆(可架入湯鍋
的大小)
鋼盆(打發鮮奶油)
湯鍋(口徑不要超
過 24cm)
網架(泡芙烤好和
上亮後可以晾乾的
透風架)

 材料

泡芙麵糊 300g
(做法請參考 P225)
巧克力 150g

打發鮮奶油
鮮奶油 300g
白砂糖 40g
香草莢 1/4 根

做法

1. 烤箱預熱 200℃。

做泡芙

2. 泡芙麵糊放涼後，放入擠花袋，配上想打的泡芙型狀的擠花嘴，備用。

3. 在準備好的烤盤，擠上長 12cm 的直條狀。

4. 用手指沾水，把突起處往下輕壓齊平。

5. 在派皮的表面均勻的噴上水。

6. 進烤箱烤 20 分鐘。

7. 出烤箱後，把泡芙散置在架子上，使其自然散熱。

Tips

內餡可以依喜好變化成奶油起司、榛果餡、檸檬餡、卡士達餡，甚至是冰淇淋。上亮的部分也是可以依喜好變化。

上亮和內餡

8. 準備一個湯鍋，裝六分滿的水，上面可以架上一個鋼盆。

9. 把切碎的巧克力放在鋼盆裡，隔水加熱，讓巧克力溶化備用。

10. 另一邊把鮮奶油放在鋼盆裡，刮入1/4根香草莢，用打蛋器一邊攪拌一邊慢慢加白砂糖打發，直到硬性發泡為止。將打發鮮奶油裝入擠花袋內備用。

11. 把放涼的泡芙切開，但不要切斷。

12. 把較不平整的一面沾上融化巧克力，如果沾不勻，用小刀整平。

13. 另一面中空部分擠上打發鮮奶油。

14. 把兩襟組合起來即完成。

Puff Rusk

泡芙餅乾

　　把泡芙烘烤第二次變成餅乾狀的泡芙點心，叫做 Puff Rusk。Rusk 這個詞用在近幾年發展的許多商品上，如法國麵包片、年輪蛋糕、土司、泡芙等……，泛指硬、乾或是二次烘烤的麵包或餅乾。很多小嬰兒在長牙時期吃的磨牙食品，也可稱作為 Rusk。每個國家對於要"烤二次的烘焙物"有不同的稱呼：丹麥 -Tvebak；法國 -Biscottes；Pain Grille；德國 -Zwieback；義大利 -Fette Biscottate, Biscotti；日本 -Rusk，當地不管是法國長棍麵包、可頌、蛋糕都可以變成 Rusk；挪威 Kavring；菲律賓 -Biskotso；瑞典 -Skorpor；英國 -Butcher's Rusk。

 準備

烤箱溫度
烤餅乾 190℃

烘烤時間
烤餅乾 15 分鐘

份量
10 人份

使用器具
烤盤
矽膠墊
麵包刀
刷子
小刀
主廚刀

 **材料**

閃電泡芙 10 根	焦糖醬 150g
融化無鹽奶油 100g	二砂糖 50g

做法

1. 把閃電泡芙縱切成小段狀，攤平在烤盤上。

2. 烤箱預熱 190 ℃。

3. 均勻的刷上融化的無鹽奶油。

4. 在泡芙斷面上均勻的刷上焦糖醬。

5. 最後撒上二砂糖。

6. 進烤箱烤 20 分鐘後，確認表面二砂糖粒已乾即可取出。

🐷 Tips

你也可以不塗焦糖醬，就
是刷上奶油再撒上二砂糖
即可，或是淋上巧克力醬、
蜂蜜或楓糖。

Religieuse
修女泡芙

由一大一小泡芙疊成如雪人狀的泡芙，有些人會在最上層裝飾一層糖霜，就像貴婦頭上戴上高帽子。而修女泡芙這個名字的來源，是因為上層的小泡芙有奶油做滾邊，和修女的衣飾很像，所以取法文 "Religieuse" 修女的意思。在《歡迎來到布達佩斯大飯店》的電影裡，有一款貫穿全劇的虛構甜點，也是由這款泡芙延伸而來的！

準備

烤箱溫度
200℃

烘烤時間
15 分鐘

使用模具
擠花嘴 平口
1.2 cm（下層）
0.8cm（上層）

份量
12 組

使用器具
擠花袋 16 吋 3 個
卡士達醬擠花嘴
平口（最小尖型）
噴水器
烤盤
烤盤油
鋼盆 2 個
湯鍋
塑膠耐熱刮刀
網架

材料

基礎泡芙麵糊 300g　　白巧克力 150g
（做法請參考 P225）　　黑巧克力 150g

卡士達醬 100g
（做法請參考 P228）

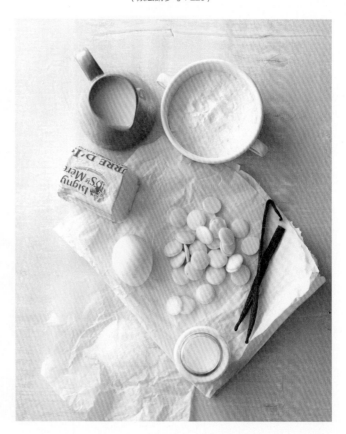

做法

烘焙

1. 把黏稠狀的泡芙麵糊填入準備好的擠花袋中，再分別使用大、小圓形的花嘴，在烤盤上擠出圓形的泡芙體。
2. 泡芙突起部分，用沾水的手指把突起往下壓。
3. 然後在泡芙表面上噴水。
4. 進入 200℃ 的烤箱烤 15 分鐘，取出放涼。

裝填卡士達醬

5. 把卡士達醬打散，再填入擠花袋中。
6. 由泡芙底部擠入卡士達醬。

▶ 裝飾

7. 用隔水加熱的方式，融化白巧克力和黑巧克力。

8. 大的泡芙的圓突面先沾上黑巧克力，小泡芙的圓突面沾上白巧克力。利用巧克力的沾黏性，在下層巧克力未凝固前把兩個泡芙黏疊在一起。

9. 在最頂端放上糖衣裝飾品即完成。

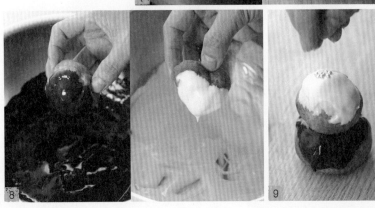

🐧 Tips

泡芙餡可以用鮮奶油、混合鮮奶油或卡士達做成內餡，當然你也可以把百香果泥、芒果泥、果醬或是榛果醬去調合成內餡。

Profiterole Swan
天鵝泡芙

　　就是把泡芙麵糊擠成不同的部件：頭、和身體；然後再把泡芙組合起來成為天鵝的形狀。天鵝泡芙可以説是泡芙組合的經典款，因為成品形體優美，做法上也算簡單，常被拿來做為結婚蛋糕的裝飾品。

 準備

烤箱溫度
190℃

烘烤時間
頭 10 分鐘
身體 20 分鐘

使用模具
星狀擠花嘴 1.5cm
平口擠花嘴 0.3 cm

份量
8 人份

使用器具
擠花袋 3 個
擠花嘴 3 個
烤盤
噴水器
剪刀

 **材料**

泡芙麵糊 500g（做法請參考 P225）
糖粉 150g
卡士達醬 300g（做法請參考 P228）

做法

塑型烘焙

1. 把泡芙麵糊填入準備好的兩個擠花袋中（使用星狀擠花嘴 1.5cm ／平口擠花嘴 0.3cm）。
2. 用星型擠花嘴在烤盤上向前擠出一個較大的起頭，再往後拉成尖型結尾，做為天鵝的身體。
3. 用平口的擠花嘴，在烤盤上擠出 "2" 形狀的細泡芙頭。
4. 在泡芙表面上噴水後，放進 180℃ 的烤箱。頭的部分烤 10 分鐘，身體部分烤 20 分鐘即可。
5. 用打蛋器把卡士達醬攪打開來，再填入擠花袋中（使用星狀花嘴 1.2cm）。

裝填組合

6. 將放涼的泡芙身體部分用剪刀橫剪成兩半。

7. 上層有紋路的那面，再對剪變成兩片翅膀。

8. 把卡士達餡擠入身體的下層。

9. 把"2"字形的頭插進卡士達餡裡。

10. 把兩片翅膀對稱地插入卡士達餡裡即完成。

11. 排盤前撒上糖粉。

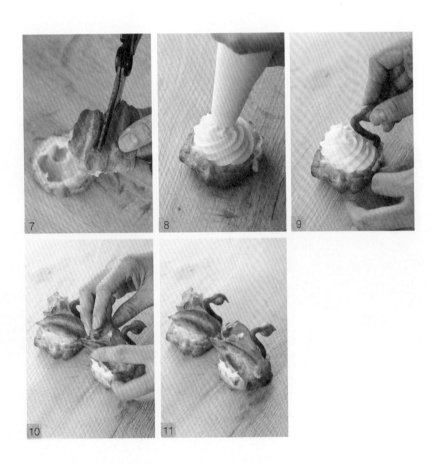

 Tips

- 要擠出身體和頭型都在考驗使用擠花袋的功力，不要怕失敗多練習幾次，就會得到令人滿意的結果。
- 使用擠花袋的手勁，就是要讓麵糊跟著手勢和你要的行徑走，只要手勢不中斷，基本上麵糊都會落在你想要的位置。
- 麵糊的濃稠度也會影響擠出來的形狀，太稀的麵糊，就很容易未完成形狀就掉在烤盤上了。

Almond & Custard Cream Puff
杏仁泡芙餅

　　誰說泡芙一定只是泡芙皮？卡士達一定只能當內餡？把他們兩個結合在一起變成餅乾也是變化配方的一種方式。這款餅乾不但好吃也好看，很適合下午茶時間，搭配一杯上好的紅茶一起享用。

 準備

烤箱溫度
第一階段 180℃
第二階段 150℃

烘烤時間
第一階段 20 分鐘
第二階段 6 分鐘

使用模具
平口擠花嘴 1cm

份量
50 顆

使用器具
鋼盆
矽膠刮刀
擠花袋
烤盤
矽膠烤墊

 材料

泡芙麵糊 140g（做法請參考 P225）
卡士達醬 70g（做法請參考 P228）
泡打粉 1/2tsp
杏仁粒 30g
珍珠糖 適量

做法

塑型

1. 先用打蛋器將卡士達醬打軟。
2. 加入泡芙麵糊。
3. 在攪打的同時，慢慢加入泡打粉和杏仁粒，拌勻後裝入擠花袋中。
4. 用擠花袋擠出 3cm 圓徑的麵糊。
5. 然後把珍珠糖撒在泡芙皮上。

烘焙

6. 進 180℃ 的烤箱烤 20 分鐘，再降到 150℃ 烤 6 分鐘即可拿出烤箱。

Tips

▪ 杏仁粒可以用花生、核桃碎或是乾果粒來替代。
▪ 這款泡芙餅乾一定要烤到很上色，把水分稍微烤乾一點，不然在泡芙裡內的水分會在室溫下滲出水氣，泡芙餅乾就會變得潮濕過軟。

Party Cup
派對泡芙盅

這是泡芙底的變化，把基礎泡芙麵糊加上起司、鹽及胡椒，就變成一個鹹餅的底座。當然，你也可以在泡芙麵糊上加上辣椒、芥末或其它你喜歡的口味。就算用原味的泡芙也很適合包上不同的餡料成為派對鹹品。

準備

烤箱溫度
第一階段 200℃
第二階段 160℃

烘烤時間
第一階段 10 分鐘
第二階段 10 分鐘

使用模具
平口擠花嘴 1cm
擠花袋

份量
12 顆

使用器具
鋼盆
矽膠刮刀
烤盤
矽膠烤墊
噴水器
湯匙

材料

鹹泡芙皮材料
基礎泡芙麵糊 150g（做法請參考 P225）
黑胡椒粒 1g
鹽 1g
起司粉 10g

餡料材料
小黃瓜 40g
燙熟馬鈴薯丁 40g
美奶滋 40g
蜜核桃 10g
水煮蛋 1 個
鹽 pinch
黑胡椒粒 pinch

做法

製作鹹泡芙皮

1. 基礎泡芙麵糊加入黑胡椒粒、鹽和起司粉拌勻，放入擠花袋內。

2. 用 1.5cm 的擠花嘴，在烤盤矽膠墊上整齊的擠出 3cm 圓徑的麵糊。

3. 在麵糊表面噴上水氣。

4. 把烤箱預熱 200℃ 烤 10 分鐘，再降溫到 160℃ 烤 10 分鐘。

5. 拿出烤箱後，放置烤架放涼備用。

製做餡料

6. 把小黃瓜、馬鈴薯丁切成丁狀（1cm×1cm×1cm）。
7. 用熱水把馬鈴薯和蛋煮熟。
8. 把水煮蛋壓散，和小黃瓜、馬鈴薯丁和蜜核桃攪勻。
9. 再加入美奶滋、鹽和黑胡椒粒拌勻。

完成泡芙盅

10. 把泡芙切半。
11. 再把餡料填入泡芙底，蓋上蓋子即可。

 Tips

餡料部分可以加入自已喜愛的材料，以馬鈴薯泥、蕃薯泥等作為基底，加上調味就可以變化出各式的派對小點。

Green Tea Biscuit Puff

餅乾抹茶泡芙

這個配方是結合調味泡芙和餅乾麵團。在麵包上蓋了一片奶油酥的麵團皮加餅乾蓋的泡芙，有點像菠蘿麵包，吃起來的口感就更有層次了，第一口先吃到鬆脆的餅乾，接著是香脆的泡芙，再來是香濃的卡士達醬。一口就把好幾個元素都吃到了，是不是很有趣呢！

準備

烤箱溫度
第一階段 200℃
第二階段 150℃

烘烤時間
第一階段 10 分鐘
第二階段 10 分鐘

使用模具
平口擠花嘴 1cm
圓形壓模 4cm

份量
20 顆

上蓋餅乾器具
鋼盆
打蛋器
過篩器
矽膠刮刀
擀麵棍
保鮮膜

抹茶泡芙器具
鋼盆
擠花袋
烤盤
矽膠烤墊

抹茶卡士達器具
鋼盆
矽膠刮刀

 材料

抹茶泡芙材料
泡芙麵糊 300g（做法請參考 P225）
抹茶粉 2tbsp

上蓋餅乾材料
無鹽奶油 30g（室溫）
白砂糖 60g
蛋液 32g
低筋麵粉 100g
泡打粉 1/4 tsp（0.8g）

抹茶卡士達材料
卡士達醬 200g
抹茶粉 2tbsp

做法

製作上蓋

1. 將軟化的無鹽奶油放進鋼盆中攪打成乳霜狀。

2. 慢慢加入白砂糖打均勻。

3. 分成 3 次加入蛋液，當麵糊變柔順後再開始加入過篩粉類。

4. 用橡皮刮刀攪拌麵團，讓麵糊完全集中成為一個麵團。

5. 用保鮮膜包好，冰至冷藏室 2 小時以上，讓麵團休息，備用。

6. 使用前把麵團擀成 0.4cm 厚度，依泡芙麵團尺寸，切成 4cm 的圓形
   然後再回冷藏室休息一下。

製作抹茶泡芙

7. 泡芙麵糊加上過篩的抹茶粉。

8. 用橡皮刮刀翻攪麵糊把抹茶粉和麵糊攪勻。

9. 用 1cm 圓形擠花嘴，擠出直徑 3.5cm 的麵糊。

10. 在麵糊表面噴上水氣，然後蓋上圓形的餅乾蓋，再撒上白砂糖。

11. 把烤箱預熱 200℃ 烤 10 分鐘，再降溫到 150℃ 烤 10 分鐘。

12. 拿出烤箱後，放置烤架放涼。

製作抹茶卡士達醬

13. 把做好的卡士達醬拌入抹茶粉，放入擠花袋備用。

完成餅乾抹茶泡芙

14. 把抹茶泡芙橫切半。
15. 把抹茶卡士達醬擠到泡芙底，再把上蓋輕輕蓋上。

🍙 Tips

為了突顯顏色，我在這個泡芙的抹茶卡士達醬上面，再擠了一層打發的鮮奶油，如果你不喜歡鮮奶油，可以只擠上抹茶卡士達醬就好！

Churros

西班牙油條

據説西班牙這款油炸條狀麵食技術是來自中國，其實來源不可考，但有一種説法是，葡萄牙人航海到中國時看見製作油條的技術，就把這種技術帶回到歐洲去，但因為學不會 "拉" 油條的技術，就透過管子壓擠的方式讓麵團變成條狀。

雖然口味上和我們中國的油條不像，但在外型上叫它油條一點也不為過。只要在拉丁美裔為主的島嶼都可以看到這個甜點的踪跡。這個甜品是以路邊小販的模式被發揚光大，所以現在看到賣西班牙油條的地方，大多是在餐車上。

 準備

油溫
175℃

油炸時間
2 分鐘

使用模具
星狀擠花嘴
0.7cm

份量
5 人份

使用器具
炸鍋
四方深盤
網撈
不銹鋼鐵夾
剪刀

 **材料**

水 250 g	鹽 3 g
無鹽奶油 110 g（室溫）	高筋麵粉 200 g
白砂糖 8 g	蛋 5 個
	肉桂粉 少許

做法

混拌麵糊

1. 把水置於湯鍋中，加鹽，然後加入無鹽奶油。

2. 用中火加熱，讓無鹽奶油完全溶於水中。

3. 把火轉小，加入麵粉後，和無鹽奶油水攪拌在一起，整合成一個光滑面的麵團。

4. 讓麵團稍稍放冷，到入另一個鋼盆中，然後慢慢的加入蛋，一個蛋拌合一次，直到把麵團結合成一個拉起不掉的麵糊。

油炸

5. 油鍋開中火加溫。

6. 白砂糖和肉桂粉倒入四方深盤裡混合均勻。

7. 丟麵粉到油鍋中，看到麵粉浮起，並且在油的表面快速起泡泡，即確認油溫到達 175℃。

8. 從擠花袋擠出約 10 公分長的 U 型麵團，再用剪刀剪斷，讓麵團掉入油鍋中。

9. 炸至金黃色即可起鍋，把油瀝乾後，沾上白砂糖及肉桂粉的混合粉即可。

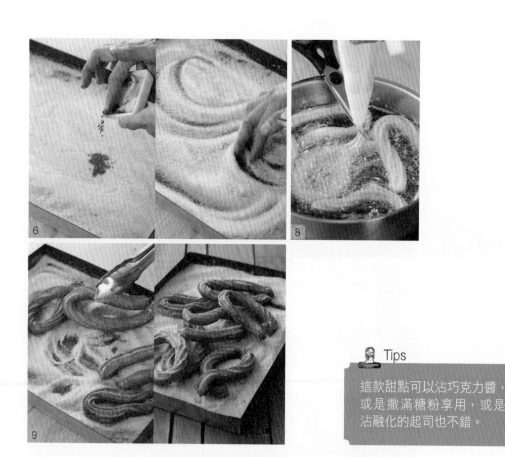

🍩 Tips

這款甜點可以沾巧克力醬，或是撒滿糖粉享用，或是沾融化的起司也不錯。

Beignet

油炸貝奈特餅

如果你問去新奧爾良旅行的第一站會去哪兒,那麼答案一定是 Café du Monde。這家店因為它的菊苣咖啡(Chicory Coffee)和貝奈特餅(Beignets)久負盛名。

貝奈特餅是一種法式無孔甜甜圈。在美國,這種食品經常能在紐奧良找到,美國人也常常把它與紐奧良聯想在一起。不同口味的貝奈特餅(帶有蝦或小龍蝦餡)也被當作是一道開胃菜。

貝奈特餅就是用泡芙麵團做的! 只是一般泡芙用烤的,而把泡芙麵團變成用炸的,就是好吃的貝奈特餅了。

準備

油溫
180℃

油炸時間
5 分鐘

使用模具
主餐湯匙 2 支

份量
約 32 顆

使用器具
湯鍋
矽膠刮刀
過篩器
鋼盆
炸鍋
濾油紙
網撈
篩網

 **材料**

無鹽奶油 125g(室溫)
水 250g
鹽 1/4tsp(1.3g)
低筋麵粉 140g

蛋 4 個
植物油 500g
(油炸用)
糖粉 50g

- 吃貝奈特餅的時候,不要忘了為自己泡杯黑咖啡一起享用!
- 如果要有奶香味,可以把水換成牛奶。

做法

混拌麵糊

1. 把水置於湯鍋中,加鹽,然後加入無鹽奶油。

2. 用中火加熱,讓無鹽奶油完全溶於水中。

3. 把火轉小,加入麵粉後,和無鹽奶油水攪拌在一起,整合成一個光滑
   面的麵團。

4. 讓麵團稍稍放冷,到入另一個鋼盆中,然後慢慢的加入蛋,一個蛋拌
   合一次,直到把麵團結合成一個拉起不掉的麵糊。

油炸

5. 把植物油加熱到 180 ℃,用兩支主
   餐匙把麵糊舀起來,刮進油鍋裡。

6. 在油鍋裡炸約 5 分鐘即可撈起。

7. 把撈起的奈特餅放置在廚房紙巾上,
   去掉一些多餘的油分。

8. 趁熱撒上糖粉享用。

Gougre
古魯奇乳酪泡芙

烤箱溫度
第一階段 200℃
第二階段 170℃

烘烤時間
第一階段 10 分鐘
第二階段 15 分鐘

使用模具
主餐湯匙 2 支

份量
10 人份

使用器具
湯鍋
矽膠刮刀
過篩器
鋼盆
起司刨刀
烤盤
矽膠烤墊

　　古魯奇泡芙（Gougre）屬於起司泡芙（Cheese Puffs），是法國布根地（Bourgogne）地區的一種餐前開胃點心，名為迷你乳酪泡芙 (Gougère)。它是在泡芙麵團中混入乳酪與香草去烘烤的小泡芙。當地大多用 Gruyere、Comte 或 Emmentaler 等起司來調和麵糊後烘烤，然後當成餐前或喝葡萄酒時的鹹式開胃小品。這種小點會讓人在不知不覺中一口接一口地無法停下來，可見它的美味威力無法阻擋。

　　在形狀尺寸上有很多的變化，有的小圓泡芙只有 3cm ～ 4cm，有的環狀乳酪泡芙做到 10cm ～ 12cm。也有人在裡面加餡料，比如加入菇類、牛肉或是其它鹹味的內餡。

　　在這個配方裡，我們需要製作的是有鹹度的泡芙，所以在煮泡芙糊時，加入了鹽，並且用水替代了牛奶。

 材料

水 250cc
鹽 3g
無鹽奶油 125g
　（室溫 10 分鐘）
低筋麵粉 125g
蛋 4 個（240g）
帕馬森乳酪 125g

 做法

混拌麵糊

1. 把鹽先放置在水
裡，稍稍融化。

2. 將室溫的無鹽奶
油放置在水裡煮
開，無鹽奶油
需完全融化。

3. 將過篩的麵粉分
次加進加熱後的
無鹽奶油水中，
一邊加一邊攪
拌，每次都要攪
拌到粉末看不見
為止。

4. 將奶油和麵粉攪拌至麵糊整合為一，然後再攪拌一會，一直到鍋底產生薄膜後停火。

5. 把麵糊倒入另外一個容器裡稍稍放涼。

6. 將蛋液慢慢的加入較涼的麵糊中，每一次都要攪打均勻，一直到麵糊黏住湯匙不會掉下來，呈現倒三角型狀。

7. 然後加入刨成絲的乳酪，攪拌均勻。

烘焙

8. 烤箱預熱 200 ℃。

9. 用兩支主餐湯匙刮相同等份的麵糊在烤盤上，然後送入烤箱烤 10 分鐘。

10. 再把烤箱降溫到 170℃ 再繼續烤 15 分鐘，即可取出放涼。

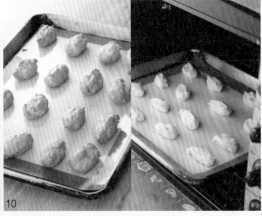

Tips

▪ 起司可以用 Gruyere、Comte 或是 Emmentaler 來替代。
▪ 如果要夾內餡，要等泡芙變冷後再夾入。

Chapter 5

Biscuit

餅乾麵團

　　餅乾,是泛指水分含量在 5% 以下,由麵粉製成、外形扁平的烘焙品。麵餅在不同國家的餐飲文化中占很大的份量,每個國家都可以用一種餅乾來形容自己的特色!

　　一口小甜餅,含括了各種甜味的烘焙食品,如千層酥、威化餅、奶油海綿蛋糕、比司吉、蛋白霜和堅果仁糊等都可以稱是。

　　Cookie,這個字源自中世紀荷蘭文 "Koekje" ,意思是 "小蛋糕" ;法文的同義字 "Petits Fours" ,意思是烘焙的小東西;或是另一字 "Sable" ,指的是沙沙的,像一粒粒的口感的沙子,而且易碎易散,也是小餅乾的意思。

　　另外,英文稱作 "Biscuit" 的詞源意思是烘焙二次,Bis:二次,Cuit:烤;德文的 "Klein Geback" 也是差不多的意思。令人意外的是,餅乾中有很多都是由法國人研發出來的,有貓舌、俄羅斯雪茄等名稱,命名方式和義式麵食很像,如義大利麵裡有蝴蝶、小蟲等款式。

　　餅乾多半又甜又濃。由於糖和脂肪分量多,所以質感很柔軟,這都是來自於成分、比例還有筋數形成手法的關係。餅乾也有乾溼之別,可以是鬆脆的、酥脆的或是軟黏的,這也都和材料的比例很有關係。

🥄 主角材料:油脂

🥣 使用麵粉:低筋麵粉

🍪 餅乾麵糊基本的材料與製程

奶油＋糖　　　　　　液狀類　　　　　　粉狀材料

（奶油法）　　　　　（蛋或水）　　　　（加入拌勻即可，　　　冰箱靜置 30 分鐘
　　　　　　　　　　　　　　　　　　　不可過度攪拌）

→　壓出（切出／擠出）餅乾形狀　　→　烘烤

🏺 三種餅乾麵團材料比例

A. 義大利米蘭風麵團——糖和油脂比例相等的麵糊（Mailanderteig〈義〉
／ Pate de Milan〈法〉）：烤出柔順口感的餅乾

 麵粉　 糖　 油脂
＝ 1：0.5：0.5

B. 沙狀麵團——油脂比例比糖高的麵糊（Sort Bread〈義〉／ Pate Sabae
〈法〉／ Murbteig〈德〉）：烤出像沙子般易碎的餅乾

 麵粉　 糖　 油脂
＝ 1：0.33：0.66

C. 硬質麵團——糖比油脂高的麵糊（Sugar Dough〈美〉／ Pate Surcree
〈法〉／ Zuckerteig〈德〉）：烤出口感較硬的餅乾

 麵粉　 糖　 油脂
＝ 1：0.66：0.33

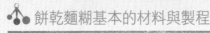

270

三種餅乾的定型方式與麵團材料比例

定型方式	適合用麵團比例	揉製過程
模型餅乾 （Molded Type）	A	不會太乾，也不會太油，讓麵團休息後容易壓平，再用模具壓出形狀。
冰箱餅乾 （Refrigerator Type）	B	油脂較多，讓麵團較軟，所以要先用道具塑型後，然後冰凍定型再切。
擠製餅乾 （Bagged out Type）	B	可以調高油脂比例和水分的比例，讓麵糊軟一點，再擠壓出來塑型。

Biscuit

當然，在烘焙界也有一種不細分材料比例的餅乾麵團（糖：油脂：麵粉＝1：2：3）。照這個比例做出來的餅乾，就是一款最樸素的奶油酥餅乾。奶油是其中最明顯的味道，所以使用的奶油品質就格外重要。不管是用有鹽或無鹽奶油都可以烤出一個原味麵團，當然你也可以用其它原料來加強香氣和口感，像是堅果、果皮、各式甜味材料（巧克力、果醬、果泥）或是乾燥的水果，都可以為餅乾加味。這個比例也有玩味之處，如果在這個比例之下拿掉了糖，就變成油糊；如果拿掉了麵粉，就成為糖霜的材料比例。

Biscuit

─◎ 配方比例的調整

　　這個餅乾麵團,如果要改變味道,可以在原配方中加入香料、堅果,或是把堅果磨成粉狀替代部分的麵粉即可;如果要改變材料,將使用的糖,如:白砂糖用紅糖替代或混合蜂蜜即可;如果要改變油脂,如:奶油用蔬菜起酥油或是其他動物油脂來替代;如果要改變做法,先把蛋打發再加入,餅乾就會比較膨鬆。

Biscuit

⌀ 材料使用秘訣

麵粉(Flour)

　　這裡使用的水分比例比麵粉高出很多(因為以麵糊為底),會稀釋出麵筋蛋白,使大量澱粉糊化,烤出來就會像蛋糕一樣柔軟。

　　如果等待烘焙的麵團,經過擀平、切模壓出後,能夠保持造型,則麵粉含量就要高;如果想做出較粗而且酥脆的質地,可以用堅果粉取代全部或部分的麵粉,就像傳統蛋白杏仁糕一樣,只含有蛋白、糖和杏仁成分而已。

糖(Sugar)

　　如果蔗糖比例很高,會促進麵團產生硬化作用,當餅乾烤好放涼後,原本溶化的糖分會凝結,讓原本烤好的柔軟餅乾變得酥脆。

　　白砂糖比例較高的麵糊,會烤出比較硬的餅乾,稱為 "Pate Sucree"。但其它形式的糖,像是蜂蜜或糖蜜,往往只會吸水,却不會結晶,讓烘焙好冷卻後的餅乾吃起來溼潤而軟黏。

蛋（Egg）

蛋通常提供麵團混料所需的大部分的水和蛋白質，幫助麵粉顆粒黏合，讓烘焙時的麵團凝結、固化，而且蛋黃中的油脂（即天然乳化劑）不但可以增加營養，也有潤溼麵團的作用。如果餅乾使用的蛋量愈高，質地就會愈像蛋糕。

脂肪（Fat）

脂肪能提供濃郁、溼潤以及柔軟的口感。脂肪受熱時，可以做為固態麵粉顆粒和糖粒之間的潤滑劑，讓餅乾麵團更容易延展變薄。

膨脹（Expand）

不論是以小氣泡或是二氧化碳進行膨脹作用，餅乾都會因此變得更柔軟，也會鼓脹的更大。很多餅乾都只用氣泡發脹，也就是在脂肪加半糖之下打成乳霜狀，或是藉由打蛋來生成的氣泡。有時還可以加入膨鬆劑來幫助烘烤後的餅乾變膨脹。如果你的配方中含有蜂蜜或紅糖等酸性成分，也可以用鹼性小蘇打來替代。

Biscuit

餅乾的儲存

餅乾材料通常含有高成分的奶油、蛋和糖，所以我們所吃到的餅乾都稍有甜度和濕度。這種烘焙品通常不會有很長的保存時間，會在很短的時間內變軟和老化。所以，當你烘烤完餅乾並且確實放涼後，建議放置到密封罐內，如果天氣太熱，可以把餅乾冰在冰箱裡保存。如果餅乾真的變軟了，還有另外一個方式可以補救，就是 把餅乾放置回烤盤上，放入 160℃ 的烤箱烤 5 分鐘，餅乾就可以回復原來的酥脆了。

Lady's Finger
手指餅乾

　　手指餅乾（Lady's Finger），義大利文又稱
作 Savoiardi，外型呈現輕巧的手指形狀，質地
乾燥酥脆，表面有一層糖粉。義大利當地除了
將它當成零嘴點心直接食用外，還將手指餅乾
作為提拉米蘇（Tiramisu）的基底。

　　用來製作手指餅乾的材料非常簡單，使用白
砂糖、蛋、奶油及麵粉調製的麵糊，擠成長條
狀烘烤而成，如果利用它海綿般地的特性，將
液體飽滿吸收，就會產生出海綿蛋糕般綿密柔
細的質感。不同的是當你瞬間咬下時，在牙齒
與舌尖上會有似有若無砂糖般的脆碎口感。由
於手指餅乾吸收液體的速度非常快，如果吸收
過多，手指餅乾就很容易呈現崩離的狀態。

準備

烤箱溫度
190℃

烘烤時間
20 分鐘

使用模具
平口擠花嘴 1cm
擠花袋

份量
40 支

使用器具
鋼盆 2 個
手持電動打蛋器
過篩器
矽膠刮板
烤盤
矽膠烤墊

 材料

蛋 40g

白砂糖 30g

低筋麵粉 60g

糖粉 30g（撒在表面用）

無鹽奶油 20g（室溫）

蛋白霜

蛋白 60g

白砂糖 30g

 做法

1. 將蛋白、蛋黃分開，置於不同鋼盆中。
2. 先把 20g 無鹽奶油隔水加熱，融化成一般液狀油脂。
3. 把麵粉過篩，並且烤箱預熱 190℃。
4. 將蛋黃和 30g 白砂糖混合均勻，打到顏色發白。

打蛋白霜

5. 蛋白中加入一半（15g）的白砂糖後，以電動攪拌機攪打，一直打發到濕性發泡為止。
6. 加入另一半白砂糖（15g），一直打發成乾性發泡的蛋白霜。

混合麵糊

7. 舀一勺打發的蛋白霜，加入蛋黃糊中，以攪拌器輕輕混拌。

8. 換橡皮刮刀以切拌的方式，把剩餘的蛋白霜混拌至蛋黃中。

9. 再倒入已過篩的麵粉中，用切拌的方式混拌到蛋糕中，直到看不到麵粉。

10. 最後再倒入融化無鹽奶油，快速切拌進去，直到麵糊出現光澤。

11. 把麵糊裝入擠花袋內，裝上直徑 1cm 的平口擠花嘴。

烘焙

12. 拉著麵糊往後拉，均勻的把麵糊擠在烤盤墊上，每條擠出的寬度及長度要整齊。

13. 在麵糊上均勻的撒上糖粉。

14. 進入烤箱烤 15 分鐘，直到上色為止，烤成外脆內軟的手指餅乾。

Tips

- 手指餅乾的長度及寬度可以改變，使用不同尺寸的平口擠花嘴，加上控制好長度即可。
- 這個麵糊較難控制，所以操作的時候手勁要輕，烤盤要是冷的。

Viennese Biscuits

維也納餅乾

你一定不會不知道這個餅乾和它的味道。這個餅乾是喜餅盒裡的固定角色，地位一直屹立不搖！原因無他，這個充滿奶香又入口即化的的奶酥，是其他餅乾類無法取代的。

 準備

烤箱溫度
200℃

烘烤時間
20 分鐘

使用模具
星型擠花嘴 1cm
擠花袋

份量
30 顆

使用器具
鋼盆
過篩器
矽膠刮板
電動攪拌器
烤盤
矽膠墊
木匙

 **材料**

無鹽奶油 190g（室溫）
白砂糖 90g
蛋 1/2 個
溫鮮奶油 45g
香草精 drops
檸檬皮 1/2 個
鹽 1g
低筋麵粉 250g
玉米粉 40g

做法

混合成麵團

1. 把放到稍軟化的無鹽奶油和白砂糖一起打到無鹽奶油翻白。
2. 加入蛋和溫鮮奶油一起打勻。
3. 然後加入所有的香料（香草精、檸檬皮、鹽）。
4. 最後用木匙把過篩的所有乾粉混進材料中，並且攪拌均勻。
5. 把麵糊放入擠花袋，裝上星型擠花嘴，把麵糊擠在烤盤墊上。

烘焙

6. 把烤箱溫度調成 200℃，烤 20 分鐘，餅乾上色即可。

🐧 Tips

這款餅乾可以做成 WS、手指 或是炫風狀的，形狀不同就有不同的故事！也可以在兩片餅乾中間夾上奶油或是果醬做變化！

Shortbread Cookie

塔皮脆餅

"Short" 並不是說這個餅乾短，而是用 "Shortening（脂肪）" 去製作出 "Short （Crumbly）酥脆" 的口感。塔皮脆餅是經典餅乾，它被形容為蘇格蘭烘焙的 "皇冠上的寶石"。據說這款脆餅是 12 世紀開始出現的。十六世紀有一位瑪麗女王把這種類型的脆餅精細化成三角扇形，調和香菜種子一起去烤，並且命名為 "襯裙尾巴"。所以你可以發現有很多的塔皮脆餅麵團先壓成圓形，再切成扇形，然後用手指在邊緣壓出像是裙子邊的紋理。

 準備

烤箱溫度
190℃

烘烤時間
25 分鐘

份量
10 片

使用器具
鋼盆
過篩器
矽膠刮板
刮刀
保鮮膜
擀麵棍
烤盤
矽膠墊
刷子
叉子
切割刀

 材料

低筋麵粉 225g	白砂糖 75g
香草精 drops	白砂糖 50g
無鹽奶油 150g（室溫）	蛋 1 個

 做法

混合成麵團

1. 麵粉過篩，然後加入白砂糖。
2. 加入香草精和稍硬的無鹽奶油。

3. 用指頭和刮板把無鹽奶油和乾
   粉混合，揉合成一個麵團。

4. 壓成長方型，然後用保鮮膜包
   覆起來，冰在冷藏室 1 小時。

5. 烤箱預熱 190℃。

塑形 & 烘焙

6. 拿出冰箱後，把麵團擀成 0.7cm 厚度，然後切成長方型 7cm×3cm 大小。

7. 陳列在烤盤墊上後，餅乾刷上蛋液。

8. 然後撒上白砂糖，進烤箱前用叉子在餅乾上刺洞。

9. 放在烤盤中烤 25 分鐘即可出爐。

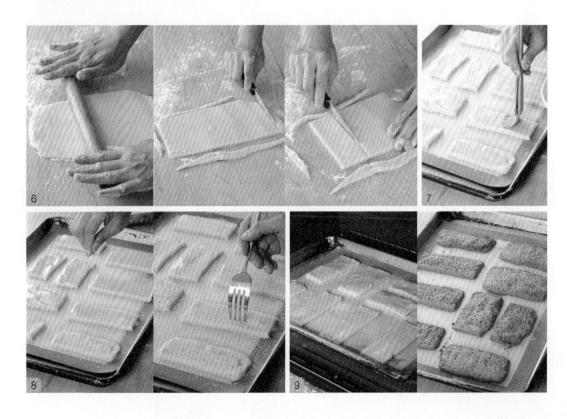

 Tips

這款餅乾之所以要刺洞，是因為把厚度擀得比較厚，刺洞後可以幫
助傳遞熱氣，讓餅乾烤得較均勻。

Lavach
Flat
Bread
亞美尼亞薄餅

烤餅是亞美尼亞、阿塞拜疆和伊朗最普遍的平坦型薄餅，這是用麵包做法完成的薄餅。當地會搭配著肉或蔬菜來食用，或者薄餅本身就像是一個開味菜或是小點心！

這個薄餅的配方很簡單，做法也很簡單，就是沒用到酵母菌，讓初揉好的麵團自然發酵，再擀成薄皮狀烘烤。亞美尼亞當地會把餅貼在燒得很燙的爐壁上，不用花幾分鐘就可以完成。

準備

烤箱溫度
200℃

烘烤時間
12 分鐘

份量
4 人份

使用器具
鋼盆
渦篩器
矽膠刮板
刮刀
保鮮膜
擀麵棍
噴水器
烤盤
篩網

 材料

中筋麵粉 310g
鹽 10g
白砂糖 10g
水 80g
蛋 85g
無鹽奶油 42.5g
（室溫）
白芝麻 10g

做法

混合成麵團

1. 把烤箱預熱 200℃。
2. 把麵粉、鹽、白砂糖過篩後,加入蛋、無鹽奶油和水,攪拌均勻。
3. 把麵粉糊混合成一個麵團,然後蓋上保鮮膜,讓麵團在冷藏室休息1小時。

擀成薄膜狀 & 烘焙

4. 把麵團放置在撒了手粉工作台上,然後把麵團分割 4 等份。
5. 把分割的麵團擀壓成薄膜狀,然後放置在烤盤墊上。
6. 表面噴水後,均勻地撒上芝麻,再休息 30 分鐘。
7. 進烤箱烤 12 分鐘。

Tips

- 薄餅上撒的白芝麻,也可以用黑芝麻或是罌粟種子來替代。
- 在冷藏溫度下發酵,是怕麵團膨脹太多。

Amaretti

義大利杏仁小餅

這個餅乾和馬卡龍一模一樣,可以説是馬卡龍的表親,但口感不像馬卡龍纖細,而是充滿粗礦的感覺。這是義大利 Saronno 小鎮的著名小餅乾。據説 18 世紀的時候,有一對新婚的夫妻為了拜訪的主教,用蛋白、白砂糖 和杏仁粉做了這個口味豐富、口感特別的餅乾,當作敬獻給主教的禮物,主教一吃大喜,並且祝福這對夫妻終身幸福。雖然配方沿傳到了現在已經有很多不同的變化,但是吃了這個餅就像帶著被給予的祝福。

準備

烤箱溫度
180℃

烘烤時間
20 分鐘

使用模具
以手掌和手指握起
擠花袋
平口擠花嘴 1cm

份量
40 個

使用器具
鋼盆 2 個
手持電動打蛋器
過篩器
矽膠刮板
烤盤
矽膠烤墊

材料

低筋麵粉 1tbsp
玉米粉 1tbsp
肉桂粉 1tsp
白砂糖 160g
檸檬皮 1/4 個
杏仁粉 95g
蛋白 2 個

做法

混拌材料

1. 把麵粉、玉米粉、肉桂粉過篩,加入一半白砂糖。
2. 然後加入檸檬皮及杏仁粉,拌在一起。
3. 把蛋白輕打起泡,再加入另一半的白砂糖,把蛋白打發到乾性發泡。
4. 用翻攪的方式把打發的蛋白加入乾料中,均勻翻攪到看不見乾料。

烘焙

5. 用抹了水的手,把麵糊抓成圓球狀,然後陳列在烤盤上。
6. 在室溫放置 1 小時,讓麵糊自然攤開。
7. 烤箱預熱 180℃。
8. 然後進烤箱烤 20 分鐘。

 Tips

- 這個餅乾放在真空罐裡可以保存兩天。
- 建議馬上吃完,才不會因為台灣天氣的潮濕而變軟。

Polvorones
西班牙傳統烤餅

把低筋麵粉先烤成咖啡色，才和奶油其他材料拌在一起，厚度像是司康一樣的點心。傳統上這個餅乾在是 9 月至 1 月之間製作，更精確的説，是西班牙聖誕節的節慶餅乾。以前的人更用豬油、牛油來替代現在的奶油，如果吃素就用橄欖油來製作。

如果製作糕餅時有多餘的蛋黃，可以拿來做這個餅乾。

 準備

 **材料**

低筋麵粉 200g
無鹽奶油 120g（室溫）
糖粉 80g

蛋黃 1 個
肉桂粉 1tsp（0.5g）
糖粉 適量（裝飾用）

烤箱溫度
烤麵粉 200℃
烤餅乾 160℃

烘烤時間
15 分鐘

使用模具
4cm 圓形切模

份量
35 顆

使用器具
鋼盆
過篩器
矽膠刮板
烤盤
矽膠烤墊
篩網

做法 ▸ 混合成麵團

1. 把麵粉放在烤盤中，用 200℃ 的烤箱烤麵粉，烤到變成咖啡色為止。

2. 把烤過的麵粉放涼，過篩。

3. 用橡皮刮刀把室溫無鹽奶油攪打到柔滑細緻為止，再加入糖粉，攪拌均勻。

4. 再加入蛋黃和肉桂粉，攪拌均勻。

5. 加入過篩的麵粉，然後把麵糊揉成一個麵團。

塑形 & 烘焙

6. 把麵團擀成 2cm 厚，再用 2.5cm 圓形模具切出形狀，排列在烤盤上。

7. 用 160℃ 的溫度烤 15 分鐘，使餅乾表面完全變成淡棕色。

8. 冷卻後，輕輕的撒上糖粉作為裝飾。

Tips

- 用烤箱烤麵粉的步驟，可以用乾炒的方式來替代。
- 塑完型後，切剩出來的麵團，可以用手再集合成一個麵團繼續使用。
- 這款餅乾的製作難度算高，為了做出美麗的裂紋及鬆脆的口感，要先烘乾麵粉的水分，而且不加雞蛋及鮮奶油等材料。由於濕度很低，揉合過後也很難搓成粉團，必須用力壓實再用壓模成形。撒糖粉也不可太厚，否則會讓面層潮濕。

Anzac Biscuits

澳紐軍團圓餅

澳紐軍團圓餅是一個有歷史義意的餅乾。第一次世界大戰時，一群在家等候丈夫勝利歸國的澳洲和紐西蘭婦女，為了幫遠方打仗的丈夫製作方便攜帶，也保持較久，同時可以補充熱量的乾糧，她們把餅乾中會用到的蛋移除，製成這個特殊的餅乾。直到現在配方還是流傳著。

在餅乾的命名上，有一個很玩味之處。"Anzac" 這個詞，在澳大利亞沒有經過退伍軍人事務部部長允許的話，不能隨便拿來使用的，紐西蘭也是。受到紐西蘭總督保護的這個字，如果不慎使用會受到法律懲罰。當然，沒有照著原始配方做出來的 Anzac Biscuits 當然也不能用這個名字！

 準備

烤箱溫度
180℃

烘烤時間
20 分鐘

使用模具
無（用手揉成一顆 40g）

份量
40 個

使用器具
湯鍋
鋼盆
過篩器
矽膠刮板
烤盤
篩網

 材料

低筋麵粉 125g
白砂糖 160g
燕麥 100g
椰子粉 90g
無鹽奶油 125g（室溫）
楓糖漿 90g
熱水 20cc
泡打粉 1/2 tsp

 Tips

- 這個麵團的做法是把所有的乾粉混合後，加入熱液（煮過的黃金糖漿和無鹽奶油＋蘇打粉加熱水），再打成麵團。
- 如果沒有楓糖漿可以用蜂蜜替代。

做法

混合成麵團

1. 把烤箱預熱 180℃。
2. 把乾料混合：麵粉過篩，然後加入白砂糖、燕麥和椰子粉。
3. 把無鹽奶油放置鍋中，用小火讓奶油融化，然後加入楓糖漿 一起溶解。

4. 把泡打粉倒入熱水中，稍稍攪拌，讓泡打粉融解。
5. 然後把水倒入無鹽奶油水裡，攪拌在一起。
6. 把無鹽奶油水倒入粉料中，攪拌成一個餅乾麵團。

烘焙

7. 用手揉成一個個小圓球，陳列在烤盤上。
8. 再用叉了或湯匙把圓球往下壓。
9. 進烤箱烤 20 分鐘。

烘焙材料行一覽表

北部

富盛 200基隆市仁愛區曲水街18號 (02)2425-9255

美豐 200基隆市仁愛區孝一路36號 (02)2422-3200

新樺 200基隆市仁愛區獅球路25巷10號 (02)2431-9706

嘉美行 202基隆市中正區豐稔街130號B1 (02)2462-1963

證大 206基隆市七堵區明德一路247號 (02)2456-6318

精浩（日勝）103台北市大同區太源路175巷21號1樓 (02)2550-6996

燈燦 103台北市大同區民樂街125號 (02)2557-8104

洪春梅 103台北市大同區民生西路389號 (02)2553-3859

果生堂（佛祥）104台北市中山區龍江路429巷8號 (02)2502-1619

金統 104台北市中山區龍江路377號13號1樓 (02)2505-6540

申崧 105台北市松山區延壽街402巷2弄13號 (02)2769-7251

義興 105台北市富錦街574巷2號 (02)2760-8115

升源（富陽店）106北市大安區富陽街21巷18弄4號1樓 (02)2736-6376

正大行 108台北市萬華區康定路3號 (02)2311-0991

大通 108台北市萬華區德昌街235巷22號 (02)2303-8600

升記（崇德店）110台北市信義區崇德街146巷4號1樓 (02)2736-6376

日光 110台北市信義區莊敬路341巷19號 (02)8780-2469

飛訊 111台北市士林區承德路四段277巷83號 (02)2883-0000

宜芳 111台北市士林區社中街99號1樓 (02)2811-8267

嘉順 114台北市內湖區五分街25號 (02)2632-9999

元寶 114台北市內湖區環山路二段133號2樓 (02)2658-9568

得宏 115台北市南港區研究院路一段96號 (02)2783-4843

卡羅 115台北市南港區南港路二段99-22號 (02)2788-6996

菁乙 116台北市文山區景華街88號 (02)2933-1498

全家 116台北市羅斯福路五段218巷36號1樓 (02)2932-0405

大家發 220新北市板橋區三民路一段99號 (02)8953-9111

全成功 220新北市板橋區互助街36號（新埔國小旁）(02)2255-9482

旺達（新順達）220新北市板橋區信義路165號 (02)2962-0114

聖寶 220新北市板橋區觀光街5號 (02)2963-3112

盟昌 220新北市板橋區縣民大道三段205巷16弄17號2樓 (02)2251-7823

加嘉 221新北市汐止區汐萬路一段246號 (02)2649-7388

彰益 221新北市汐止區環河街186巷2弄4號 (02)2695-0313

佳佳 231新北市新店區三民路88號 (02)2918-6456

艾佳（中和）235新北市中和區宜安路118巷14號 (02)8660-8895

安欣 235新北市中和區連城路389巷12號 (02)2225-0018

嘉元 235新北市中和區連城路224-16號 (02)2246-1788

馥品屋 238新北市樹林區大安路175號 (02)2686-2569

快樂媽媽 241新北市三重區永福街242號 (02)2287-6020

今今 248新北市五股區四維路142巷14弄8號 (02)2981-7755

銘珍 251新北市淡水區下圭柔山119-12號 (02)2626-1234

艾佳（桃園）330桃園市永安路281號 (03)332-0178

湛勝 330桃園市永安路159-2號 (03)332-5776

做點心過生活（桃園）330桃園市復興路345號 (03)335-3963

做點心過生活 330桃園市民生路475號 (03)335-1879

和興 330桃園市三民路二段69號 (03)339-3742

艾佳（中壢）320桃園縣中壢市環中東路二段762號 (03)468-4558

做點心過生活（中壢）320桃園縣中壢市中豐路320號 (03)422-2721

桃榮 320桃園縣中壢市中平路91號 (03)422-1726

乙馨 324桃園縣平鎮市大勇街禮節巷45號 (03)458-3555

東海 324桃園縣平鎮市中興路平鎮段409號 (03)469-2565

家佳福 324桃園縣平鎮市環南路66巷18弄24號 (03)492-4558

台揚（台威）333桃園縣龜山鄉東萬壽路311巷2號 (03)329-1111

陸光 334桃園縣八德市陸光街1號 (03)362-9783

廣福林 334桃園縣八德市富榮街294號 (03)363-8057

新盛發 300新竹市民權路159號 (03)532-3027

萬和行 300新竹市東門街118號 (03)522-3365

新勝(熊寶寶) 300新竹市中山路640巷102號 (03)538-8628

熊寶寶(新勝) 300新竹市中山路640巷102號(03)540-2831

永鑫（新竹）300新竹市中華路一段193號 (03)532-0786

力陽 300新竹市中華路三段47號 (03)523-6773

康迪(烘培天地) 300新竹市建華街19號 (03)520-8250

富讚 300新竹市港南里海埔路179號 (03)539-8878

葉記 300新竹市鐵道路二段231號 (03)531-2055

德麥 300新竹市東山里東山街95號 (03)572-9525

艾佳（新竹）302新竹縣竹北市成功八路286號 (03)550-5369

普來利 302新竹縣竹北市縣政二路186號 (03)555-8086

天隆 351苗栗縣頭份鎮中華路641號 (03)766-0837

中部

總信 402台中市南區復興路三段109-4號 (04)2220-2917

永誠行（總店）403台中市西區民生路147號 (04)2224-9876

永誠行（精誠店）403台中市西區精誠路317號 (04)2472-7578

玉記（台中）403台中市西區向上北路170號 (04)2310-7576

永美 404台中市北區健行路665號 (04)2205-8587

齊誠 404台中市北區雙十路二段79號 (04)2234-3000

榮合坊 404台中市北區博館東街10巷9號 (04)2380-0767

裕軒 406台中市北屯區昌平路二段20-2號 (04)2421-1905

辰豐 406台中市北屯區中清路151-25號 (04)2425-9869

利生 407台中市西屯區西屯路二段28-3號 (04)2312-4339

利生 407台中市西屯區河南路二段83號 (04)2314-5939

豐榮 420台中市豐原區三豐路317號 (04)2527-1831

鼎亨 412 台中市大里區光明路60號 (04)2686-2172

美旗 412 台中市大里區仁禮街45號 (04)2496-3456

永誠 500彰化市三福街195號 (04)724-3927

永誠 500彰化市彰新路2段202號 (04)733-2988

王誠源 500彰化市永福街14號 (04)723-9446

億全 500彰化市中山路二段252號 (04)723-2903

永明 500彰化市磚窯里芳草街35巷21號 (04)761-9348

永明 500彰化市和美鎮彰草路二段120-8號 (04)761-9348

上豪 502彰化縣芬園鄉彰南路三段355號 (04)952-2339

金永誠 510彰化縣員林鎮員水路2段423號 (04)832-2811

順興 542南投縣草屯鎮中正路586-5號 (049)233-3455

信通 542南投縣草屯鎮太平路二段60號 (049)231-8369

宏大行 545南投縣埔里鎮清新里雨樂巷16-1號 (049)298-2766

利昌珍 557南投縣竹山鎮前山路一段247號 (049)264-2530

新瑞益（雲林）630雲林縣斗南鎮七賢街128號 (05)596-3765

彩豐 640雲林縣斗六市西平路137號 (05)533-4108

巨城 640雲林縣斗六市仁義路6號 (05)532-8000

宗泰 651雲林縣北港鎮文昌路140號 (05)783-3991

南部

新瑞益（嘉義）600嘉義市仁愛路142-1號 (05)286-9545

福美珍 600嘉義市西榮街135號 (05)222-4824

297

烘焙材料行一覽表

尚典　600嘉義市四維路370號 (05)234-9175

名陽　622嘉義縣大林鎮自強街25號 (05)265-0557

瑞益　700台南市中區民族路二段303號 (06)222-4417

銘泉　700台南市北區和緯路二段223號 (06)251-8007

富美　700台南市北區開元路312號 (06)237-6284

世峰行　700台南市西區大興街325巷56號 (06)250-2027

玉記行（台南）700台南市西區民權路三段38號 (06)224-3333

上品　700台南市西區永華一街159號 (06)299-0728

永昌（台南）700台南市東區長榮路一段115號 (06)237-7115

永豐　700台南市南區賢南街51號 (06)291-1031

利承　700台南市南區興隆路103號 (06)296-0152

松利　700台南市南區福吉路3號 (06)228-6256

玉記（高雄）800高雄市六合一路147號 (07)236-0333

正大行行（高雄）800高雄市新興區五福二路156號 (07)261-9852

華銘　802高雄市苓雅區中正一路120號4樓之6 (07)713-1998

極軒　802高雄市苓雅區興中一路61號 (07)332-2796

東海　803高雄市鹽埕區大公路49號 (07)551-2828

旺來興　804高雄市鼓山區明誠三路461號 (07)550-5991

新鈺成　806高雄市前鎮區千富街241巷7號 (07)811-4029

旺來昌　806高雄市前鎮區公正路181號 (07)713-5345-9

益利　806高雄市前鎮區明道路91號 (07)831-9763

德興　807高雄市三民區十全二路103號 (07)311-4311

十代　807高雄市三民區懷安街30號 (07)380-0278

和成　807高雄市三民區朝陽街26號 (07)311-1976

福市　814高雄市仁武區京中三街103號 (07)374-8237

茂盛　820高雄市岡山區前峰路29-2號 (07)625-9679

順慶　830高雄市鳳山區中山路237號 (07)746-2908

全省　830高雄市鳳山區建國路二段165號 (07)732-1922

見興　830高雄市鳳山區青年路二段304號對面 (07)747-5209

世昌　830高雄市鳳山區輜汽路15號(07)717-4255

旺來興　833高雄市鳥松區大華里本館路151號 (07)370-2223

亞植　840高雄市大樹區井腳里108號 (07)652-2305

四海　900屏東市民生路180-5號 (08)733-5595

啟順　900屏東市民和路73號 (08)723-7896

屏芳　900屏東市大武403巷28號 (08)752-6331

全成　900屏東市復興南路一段146號 (08)752-4338

翔峰　900屏東市廣東路398號 (08)737-4759

裕軒　920屏東縣潮洲鎮太平路473號 (08)788-7835

東部

欣新　260宜蘭市進士路155號 (03)936-3114

裕順　265宜蘭縣羅東鎮純精路二段96號 (03)954-3429

玉記（台東）950台東市漢陽路30號 (08)932-6505

梅珍香　970花蓮市中華路486-1號 (038)356-852

萬客來　970花蓮市和平路440號 (038)362-628

大麥　973花蓮縣吉安鄉建國路一段58號 (038)461-762

大麥　973花蓮縣吉安鄉自強路369號 (038)578-866

華茂　973花蓮縣吉安鄉中原路一段141號 (038)539-538

滿足館 Appetite 4032

KNEADING DOUGH
揉麵團
鍾莉婷 著

SAMMI 教你搞懂 5 種基礎麵團，做出麵包、蛋糕、塔、泡芙、餅乾一定要先學會的烘焙糕點！

作者	鍾莉婷
責任編輯	梁淑玲
攝影	廖家威
封面、內頁設計	葛雲
插畫	不用
感謝廚房協力	Philip Wu
感謝贈品協力	聯華實業股份有限公司、圻霖有限公司
感謝材料與道具協力	聯華實業股份有限公司、圻霖有限公司、元寶實業股份有限公司、巢家居
感謝器具圖片協力	三能食品器具股份有限公司
出版總監	黃文慧
副總編	梁淑玲、林麗文
主編	蕭歆儀、黃佳燕、賴秉薇
行銷企劃	林彥伶、朱妍靜
印務	黃禮賢、李孟儒
社長	郭重興
發行人兼出版總監	曾大福
出版	幸福文化/遠足文化事業股份有限公司
地址	231新北市新店區民權路108-1號8樓
粉絲團	https://www.facebook.com/Happyhappybooks/
電話	（02）2218-1417
傳真	（02）2218-8057
發行	遠足文化事業股份有限公司
地址	231新北市新店區民權路108-2號9樓
電話	（02）2218-1417
傳真	（02）2218-1142
電郵	service@bookrep.com.tw
郵撥帳號	19504465
客服電話	0800-221-029
網址	www.bookrep.com.tw
法律顧問	華洋法律事務所 蘇文生律師
初版一刷	2014年9月
二版一刷	2020年10月
定價	550元

Printed in Taiwan

國家圖書館出版品預行編目 (CIP) 資料

揉麵團：Sammi 教你搞懂 5 種基礎麵團，做出麵包、蛋糕、塔、泡芙、餅乾一定要先學會的烘焙糕點！/
鍾莉婷 著；

-- 二版 .-- 新北市：幸福文化出版：遠足文化發行，2020.10
面； 公分 .
ISBN 978-986-5536-13-8(平裝)

1. 點心食譜

427.16　　　　　　　　109012053

新高山有機全麥粉特色

HACCP   ISO22000

 有機無毒耕作，愛護土地的用心對待

專屬有機生產線，獲得農糧加工有機認證

18℃ 新鮮冷藏，封存麥子採收的獨特麥香

 豐富膳食纖維，營養高富含鐵、鈣、葉酸

 LH 聯華實業股份有限公司
Lien Hwa Industrial Corporation

喜願小麥

http://www.lhic.com.tw